高等职业教育人工智能工程技术系列教材

Python 与人工智能应用技术

郭　新　任红卫　主　编
黄健安　许健才　副主编

電子工業出版社
Publishing House of Electronics Industry
北京 • BEIJING

内容简介

本书以 Python 为实现工具，介绍程序设计的基本思想方法，并对人工智能的基础知识进行了系统化的介绍，从传统的机器学习的基础知识、经典算法到深度学习的网络模型、应用领域都进行了相应的介绍。

本书共 10 个项目。项目 1～项目 7 主要内容有认识人工智能、Python 基础、机器学习基础、特征工程及应用、经典算法的实现、神经网络的构建和训练、手写数字识别；项目 8～项目 10 主要内容是综合案例的实施，包括人脸识别、商品情感分析、车牌识别。本书将知识点进行拆解细化，用可视化的形式帮助读者理解抽象的知识点，并配有丰富的代码，帮助读者在反复实践中理解、升华，将理论与实践相结合，助力读者锻炼编程思维和提升编程能力。

本书可作为高等职业院校、应用型本科计算机程序设计课程或人工智能相关课程的教材，也可供社会各类工程技术与科研人员阅读参考。

图书在版编目（CIP）数据

Python 与人工智能应用技术 / 郭新，任红卫主编. —北京：电子工业出版社，2023.2

ISBN 978-7-121-44856-0

Ⅰ. ①P… Ⅱ. ①郭… ②任… Ⅲ. ①软件工具－程序设计－高等学校－教材 Ⅳ. ①TP311.561

中国国家版本馆 CIP 数据核字（2023）第 005421 号

责任编辑：徐建军　　特约编辑：田学清
印　　刷：中煤（北京）印务有限公司
装　　订：中煤（北京）印务有限公司
出版发行：电子工业出版社
　　　　　北京市海淀区万寿路 173 信箱　　邮编：100036
开　　本：787×1092　1/16　印张：10.75　字数：289 千字
版　　次：2023 年 2 月第 1 版
印　　次：2025 年 1 月第 3 次印刷
印　　数：1000 册　　定价：36.00 元

凡所购买电子工业出版社图书有缺损问题，请向购买书店调换。若书店售缺，请与本社发行部联系，联系及邮购电话：（010）88254888，88258888。

质量投诉请发邮件至 zlts@phei.com.cn，盗版侵权举报请发邮件至 dbqq@phei.com.cn。

本书咨询联系方式：（010）88254570，xujj@phei.com.cn。

前　言

Python 是一门计算机程序语言，因具有简单易学、简洁清晰的特点，迅速成为受大量用户欢迎的、用途广泛的程序设计语言之一。Python 有大量的工具库，现在主流的深度学习框架都支持 Python。目前，在人工智能科学领域应用中，各种库、各种相关联的框架都是以 Python 为主要语言开发出来的。

本书的基本定位是，将 Python 作为人工智能技术应用的程序设计语言，介绍 Python 语言程序设计的基础知识及其在人工智能领域的应用。全书以 Python 为实现工具，介绍程序设计的基本思想方法和人工智能技术的相关基础及应用，培养读者利用 Python 语言解决人工智能技术中实际问题的能力。

本书采用项目案例的方式，介绍 Python 语言基础与人工智能技术基础应用，配以丰富的编程实例，将各项目知识点有机地融合、贯穿，增强了可操作性和可读性。编程内容既包含与 Python 语法规则相关的内容，又包含许多人工智能应用实际问题的程序设计方法，从而增强读者的学习兴趣，提高读者分析问题和解决问题的能力。

本书的内容与学时安排如下。

本书的内容与学时安排

序　号	内　容	建议学时
1	项目 1 认识人工智能	2
2	项目 2 Python 基础	8
3	项目 3 机器学习基础	6
4	项目 4 特征工程及应用	4
5	项目 5 经典算法的实现	8
6	项目 6 神经网络的构建和训练	6
7	项目 7 手写数字识别	6
8	项目 8 人脸识别	6
9	项目 9 商品情感分析	4
10	项目 10 车牌识别	6
总计		56

本书所有代码均在 Python 3 中测试通过，书中代码运行的框架为 Pytorch，集成开发环境为 Pycharm。本书有如下特点：特别注重完善内容的体系结构，以 Python 语言为工具，以人工智能技术为着力点，充分考虑应用型本科、高职、高专学生的特点，在理论体系完整的情况下，力求深入浅出、层层推进，淡化烦琐的理论推导，注重编程设计与实现，提升读者的获

得感和成就感，培养读者的工程实践能力。

本书由郭新、任红卫担任主编，由黄健安、许健才担任副主编。其中，项目 1 由许健才编写，项目 2、项目 3、项目 6、项目 7、项目 9、项目 10 由郭新编写，项目 4、项目 5 由任红卫编写，项目 8 由黄健安编写，全书由郭新统稿。此外，参与编写工作的还有罗程方、徐伟、邓爱文、陈伟欣等。

为了方便教师教学，本书附赠资源可登录华信教育资源网（www.hxedu.com.cn）免费注册后进行下载，如有问题可在网站留言板留言或与电子工业出版社联系（E-mail: hxedu@phei.com.cn）。

教材建设是一项系统工程，需要在实践中不断加以完善及改进，同时由于时间仓促、编者水平有限，书中难免存在疏漏和不足之处，敬请同行专家和广大读者给予批评和指正。

编　者

目录

项目 1

认识人工智能

教学导航

知识目标	1．了解人工智能的发展历史 2．掌握人工智能、机器学习和深度学习的区别与联系 3．了解人工智能的应用领域
职业技能目标	1．掌握机器学习原理的简单分析能力 2．会编写简单的基于规则的程序 3．能读懂基于人工智能编程的逻辑
知识重点	1．人工智能、机器学习和深度学习的逻辑关系 2．机器学习的基本原理
知识难点	基于人工智能思想的编程方法
推荐学习方法	利用思维导图，从人工智能的发展历史梳理人工智能的基本算法、应用领域等，形成对人工智能概况的认识

知识导图

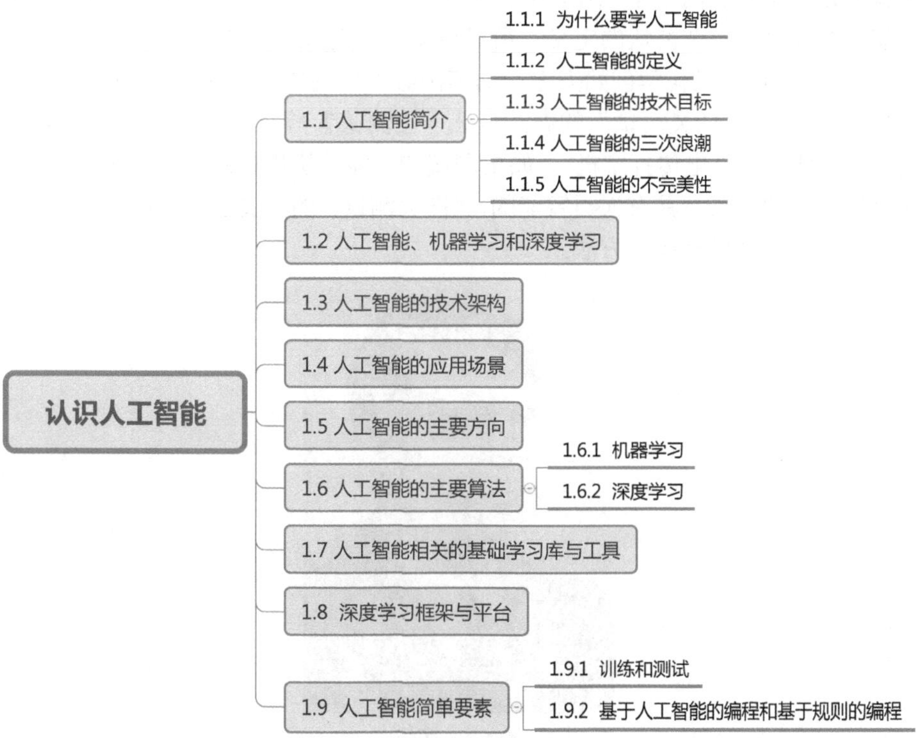

1.1 人工智能简介

人类利用聪明才智发明并制造出各式各样的工具，这些工具是人类社会不断前进的动力。自三次科技革命后，人类社会已经不可逆地进入了信息化时代，普通的计算机系统由于缺乏专业知识和社会常识，自身自适应、自学习能力较差，已经不能满足人类对复杂信息处理的需求。于是，人类探索如何使计算机智能化。如果计算机能像人脑一样智能，成为人脑的扩大和延伸，成为继机械化、自动化后的智能化，那么将大大方便人类社会的生产、生活，人类也将进入一个全新的时代。

随着互联网技术的普及，大数据、5G 技术及云计算技术的出现，人工智能（AI）时代已然揭开序幕，正在上演一场场华丽的演出。

1.1.1 为什么要学人工智能

近些年，“人工智能”“机器学习”“深度学习”“卷积神经网络”等关键词，已成为人们茶余饭后的谈资，任何行业都在尽力向人工智能方向靠拢，试图找到行业与人工智能的交集。各大科研院所纷纷成立人工智能的部门或者院系，这充分说明，人工智能正在为产业、行业、教育、社会结构等带来革命性的变化。

但是，人工智能仍然是一个发展中的学科，还未形成一个公认的理论技术体系。未来几年将是人工智能技术全面普及的阶段，而目前人工智能领域人才稀缺，系统化地学习人工智能，是提升知识体系丰富性和增强自身竞争力的手段。

1.1.2 人工智能的定义

人工智能是一个宽泛的技术领域，要界定人工智能，就要先理解什么是智能，但是关于什么是智能，至今没有一个公认的定义，所以对于人工智能，目前还没有一个统一的阐述。

早在 1950 年，计算机科学创始人之一的英国数学家图灵（见图 1-1）就提出了大名鼎鼎的“图灵测试”方法。“图灵测试”的做法是让一位测试者与被测试者（一台计器和一个人）进行交谈（当时使用的是电传打字机），如果测试者不能分辨出被测试者是机器还是人，那么就说明这台被测试的机器是具有人类智能的。“图灵测试”的意义在于对检测“机器是否具有人类智能”给出了一个可操作的方法。

图 1-1 图灵

人工智能可以分为两部分，即“人工”和“智能”。人工智能技术应用包括机器人视觉、语音识别、自然语言处理等众多领域，还与心理学、认知科学、社会学有交叉。

尼尔逊教授对人工智能下了这样一个定义：“人工智能是关于知识的学科——怎样表示知识及怎样获得知识并使用知识的科学。”而另一个麻省理工学院的温斯顿教授认为：“人工智能就是研究如何使计算机去做过去只有人才能做的智能工作。”斯图尔特·罗素等人则把已有的一些人工智能定义分为 4 类：像人一样思考的系统、像人一样行动的系统、像人一样理性思考的系统、像人一样理性行动的系统。

这些说法基本反映了人工智能学科的基本思想和基本内容，即人工智能是研究人类智能活动的规律、构造并具有一定智能的人工系统，是研究如何使计算机去完成以往需要人的智力才能胜任的工作的系统，也是研究如何应用计算机的软硬件来模拟人类某些智能行为的基本理论、方法和技术的系统。

1.1.3 人工智能的技术目标

为了进一步解释人工智能的技术目标，研究人员将其扩展到 6 个主要目标，包括：

（1）逻辑推理。使计算机能够完成人类能够完成的复杂心理任务。例如，下棋和解代数问题。

（2）知识表达。使计算机能够描述对象、人员和语言。例如，能使用面向对象的编程语言 Smalltalk。

（3）规划和导航。使计算机从 A 点到 B 点。例如，第一台自动驾驶机器人建于 20 世纪 60 年代初。

（4）自然语言处理。使计算机能够理解和处理语言。例如，把英语翻译成俄语，或者把俄语翻译成英语。

（5）感知交流。使计算机通过视觉、听觉、触觉和嗅觉与世界交流。

（6）紧急智能。人工智能没有被明确地编程，而是从其他人工智能特征中明确体现，这个设想的目的是让机器展示情商、道德推理等。

1.1.4 人工智能的三次浪潮

1956 年，在达特茅斯学院（见图 1-2）为期两个月的人工智能研讨会上，约翰·麦卡锡正式提出“人工智能”这个概念，这被视为人工智能学科的起点。因此，约翰·麦卡锡（见图 1-3）与麻省理工学院的马文·明斯基（见图 1-4）被誉为人工智能之父。

图 1-2 达特茅斯学院

图 1-3　约翰·麦卡锡（1927—2011）

图 1-4 马文·明斯基（1927—2016）

图灵在 1941 年就开始思考机器与智能的问题了，并于 1950 年在英国哲学杂志《心》上发表文章《计算机与智能》，文中提出了“模仿游戏”（被后人称为“图灵测试”）。这篇文章被广泛视为机器智能最早的系统化、科学化论述。

1. 1956—20 世纪 80 年代，专家系统

专家系统是人工智能的第一次浪潮，当时追求的目标是普适智能问题。从技术上说，人工智能的第一次浪潮是基于逻辑的。1958 年，约翰·麦卡锡提出了逻辑语言 LISP，从 20 世纪 50 年代到 20 世纪 80 年代，机器人可以搭积木、进行逻辑判断，机器老鼠可以针对不同的路径和障碍进行决策，这都基于抽象数学符号和基本的逻辑判断，当时最著名的系统就是专家系统。

专家系统是早期人工智能的一个重要分支，它可以被看作一类具有专门知识和经验的计算机智能程序系统，一般采用人工智能中的知识表示和知识推理技术来模拟通常由领域专家才能解决的复杂问题。一般来说，专家系统=知识库+推理机，因此，专家系统也称基于知识的系统，精确地说是基于明知识的系统。

计算机科学家最早的想法是先把自己的明知识（包括能够表达出来的常识和经验）放到一个巨大的数据库中，再把常用的判断规则写成计算机程序。例如，一个自动驾驶的“专家系统”会“告诉”汽车，“如果红灯亮，那么就停车；如果转弯时遇到直行的车辆，那么就避让！”依靠事先编好的一条条程序可以完成自动驾驶。人们无法穷尽所有的路况和场景，这种“专家系统”遇到复杂情况时根本不会处理，因为人没教过。“专家系统”遇到的另一个问题是假设了人类所有的知识都是明知识，完全没有意识到默知识的存在，所以专家系统在 20 世纪 80 年代之后都偃旗息鼓了，而且早期的电子计算机的运算速度也制约了人工智能的发展。

2. 20 世纪 80 年代—2006，神经网络

在 20 世纪 80 年代，人工智能再次兴起。传统的符号主义学派发展缓慢，有研究者大胆尝试了基于概率统计模型的新方法，使语音识别、机器翻译取得了明显进展，人工神经网络在模式识别等领域初露端倪。但这一时期的人工智能受限于数据量与测试环境，当研究者们在解决一些问题时，发现需要的数据还没有数字化或者是数字化程度不够，这就大大限制了人工智能的发展，使人工智能尚处于学术研究和实验室中，不具备普遍意义上的实用价值。

3. 2006 至今，基于大数据的深度学习

人工智能的第三次浪潮得益于计算机计算性能的提升和大数据的发展。深度学习缘起于 2006 年 Hinton 等人提出的深度学习技术。ImageNet 竞赛代表了计算机智能图像识别领域最前沿的发展水平。2015 年，基于深度学习的人工智能算法在图像识别准确率方面第一次超越

了人类肉眼，人工智能实现了飞跃性的发展。2016 年，微软将英语语音识别错词率降低到 5.9%，这个比例是可与人类媲美的。2016 年，Google 研发的围棋程序 AlphaGo 击败了围棋棋手李世石，此事件被视为人工智能发展的里程碑。

随着机器视觉研究的突破，深度学习在语音识别、数据挖掘、自然语言处理等不同研究领域相继取得突破性进展。如今，人工智能已由实验室走向市场，无人驾驶、智能助理、新闻推荐与撰稿、搜索引擎、机器人等应用已经走进社会生活。因此，2017 年也称人工智能产业化元年。

人工智能的浪潮还在继续，技术的发展带来了生产、生活方式的变革，如今，人脸识别、语音识别、推荐系统、医疗诊断、新媒体、生产自动化、交通调度等基于人工智能的技术，已在生活中随处可见。人工智能已经逐渐走出实验室，真正地走进了大众的视野。

1.1.5 人工智能的不完美性

计算机在很多复杂任务上已经超越了或者即将超越人类，如图像识别、机器翻译、自动导航、自动驾驶等，但是计算机没有过多地涉猎人的情感、感知和思考等。例如，对于一个 3 岁小孩可以轻易完成的事情，机器人是做不到的，所以人工智能并不是普适性的人工智能，只能针对具体的任务进行设计与执行，离人工智能最初的普适性的智能设想还相距甚远。

基于大量数据的统计机器学习（包括深度学习）近年来异军突起，尤其是深度学习。由于深度学习具有对复杂非线性模型的逼近能力与对数据的自适应能力，因此在很多应用领域表现优异，在很多应用中得出的结论甚至可以与人类专家的决策相媲美。但人们也陆续发现了深度学习的不足之处，一个突出的问题就是完全参数化模型导致的结果具有不可解释性。

1.2 人工智能、机器学习和深度学习

计算机计算能力的提升可以促进人工智能的发展。计算能力的提升和单机数据分析向分布式计算的发展，为人工智能的发展奠定了基础。大数据可以促进人工智能的突破发展，同时，大数据的理解和分析也需要人工智能，尤其是深度学习可以学习大量数据、高效分析挖掘数据价值。

人工智能是一个宽泛的概念，从范围上来讲，包括机器学习和深度学习（见图 1-5）。机器学习使用算法来解析数据，从中学习知识进行决策和预测；深度学习模仿人的神经网络，建立模型，进行数据分析和预测。也有人说机器学习是实现人工智能的方法，深度学习是一种实现机器学习的技术。

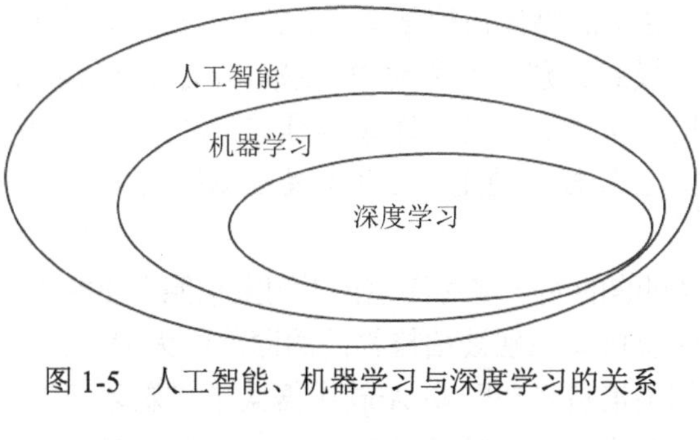

图 1-5 人工智能、机器学习与深度学习的关系

1.3 人工智能的技术架构

人工智能的技术架构包括基础设施、实现算法、技术方向、具体技术和应用行业（见图 1-6）。基础设施主要是指计算机硬件和大数据，有效的计算能力和海量的数字化数据促进了人工智能的迅速发展，是人工智能最基本的保障。人工智能中的机器学习及深度学习的不断涌现，使得人工智能的模型在不断优化，更加适应特定的任务和场景。从应用出发，人工智能技术可以演化出一系列的技术方向，如计算机视觉、语音工程、自然语言处理、规划决策系统等。在这些方向的不断发展和细化下，技术方向又有了更多的分支，如计算机视觉，包含图像识别、图像理解等。自然语言处理中包含机器翻译和情感分析等。人工智能技术的分支越来越精细，解决的问题更加具体，应用的场景也就越来越多，在交通、金融、安防、智能制造、医疗等领域都有应用。

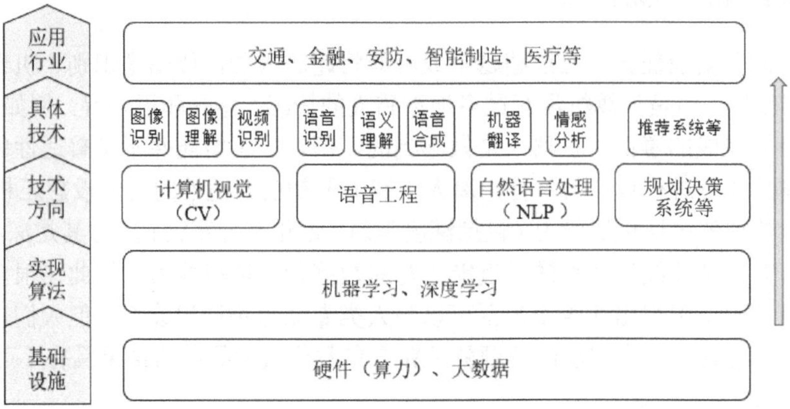

图 1-6 人工智能的技术架构

各大开源系统和工具，如 TensorFlow、Caffe、CNTK、MXNet、Spark 等，不断涌现又不断被替代，充分说明了人工智能勃勃生机的发展。将来，也肯定会涌现多维度优化算法和对用户友好的工具。

1.4 人工智能的应用场景

人工智能的应用十分广泛，人脸识别是人工智能最常见的一种应用。例如，考勤、支付、验证等各种场景都可能需要刷“脸”。除此之外，本书还给出如下常见应用场景。

（1）模式识别。识别是任何生物都具有的基本智能信息处理能力之一。模式识别是指利用计算机进行物体识别，这里的物体指的是文字、符号、图像、语音、声音、人脸、虹膜、掌纹、步态等形式的对象。模式识别是人和动物的感知能力在计算机上的模拟和扩展，其应用十分广泛，如信息、安防、医学、遥感、军事等领域。经过多年的发展，人脸识别、机器视觉、语音识别、OCR 技术已经投入使用，在生物特征识别技术方面也产生了防伪的活体检测技术。

（2）图像识别。经常网购的人一定对淘宝的“淘宝拍照”功能不陌生，利用这个功能可以直接拍摄实物，从而使淘宝自动识别被拍摄物品的同款，大大提升了搜索效率。

（3）个性化推荐。如果消费者在购物 App 中搜索了“剃须刀”，那么购物 App 首页会自动推荐各种“剃须刀”的广告，这就是推荐系统。各种 App 都可以记录消费者的访问历史，并根据访问历史推断消费者的爱好和需求，自动推荐同款或者相关的信息给消费者，于是每个消费者的购物 App 界面就会各不相同，这样就形成了千人千面的购物页面。

（4）新零售应用。无人超市采用了计算机视觉、深度学习、传感器定位、图像分析等多种智能技术，消费者在购物流程中将依次体验自动身份识别、自助导购服务、互动式营销、商品位置侦测、线上购物车清单自动生成和移动支付等功能。

（5）智能车辆（自动驾驶）。从 20 世纪 70 年代开始，美国、英国、德国等发达国家开始进行无人驾驶汽车的研究。自动驾驶技术诞生在军事界实验室，而走出实验室的契机是 DARPA 挑战赛。论推动自动驾驶技术的普及化，就要提到谷歌。2014 年 5 月 28 日，在科技大会上，谷歌推出了自己的新产品——无人驾驶汽车。特斯拉是无人驾驶的后起之秀，除此之外，传统的车企也是一股不能忽略的势力，奥迪、丰田、沃尔沃、奔驰的车型上都搭载了可以辅助驾驶的辅助系统。2014 年 7 月，百度启动了无人驾驶汽车研发计划，将视觉、听觉等识别技术应用在无人驾驶汽车系统的研发中，负责该项目的是百度深度学习研究院（Baidu IDL）。2018 年 12 月 28 日，百度 Apollo 自动驾驶全场景车队在长沙高速公路上行驶。越来越多的车企在自己的产品内搭建自动驾驶（或辅助）系统。未来，完全的自动驾驶可以基于感知的信息做出应变。

（6）智能交通。智能交通就是在公共交通的各个环节引入人工智能的视频物体检测技术，以构造智能交通系统，从而实现路况监测、车辆实时调度、实施路径规划等。目前智能交通已经部分实现智能化调度，也可以实现在雨雾、强光条件下的一些车辆检测。

（7）医学影像分析。人工智能在医学影像方面的应用主要分为两个部分：第一部分是在感知环节，应用机器视觉技术识别医学影像，帮助影像医生减少阅片的时间，提升工作效率，降低误诊的概率；第二部分是在学习和分析环节，通过大量的影像数据和诊断数据，不断地对神经元网络进行深度学习训练，促使其掌握“诊断”的能力。

一个典型的应用是贝斯以色列女执事医疗中心（BIDMC）与哈佛医学院合作研发的人工智能系统。该系统对乳腺癌病理图片中癌细胞的识别准确率可达 92%，与病理学家的分析结合时，其诊断准确率可以高达 99.5%。

（8）机器博弈。机器博弈是人工智能最早的研究领域之一。早在 1959 年，就职于 IBM 的塞缪尔就研制出一个具有自学能力的跳棋程序。1997 年 IBM 的“深蓝”计算机以 2 胜 3 平 1 负的战绩击败了国际象棋冠军加里·卡斯帕罗夫，轰动了全世界。2016 年，谷歌公司旗下的 DeepMind 研发的围棋程序 AlphaGo 击败了韩国围棋手李世石（见图 1-7）。2017 年 12 月，DeepMind 又推出一款名为 Alpha Zero 的通用棋类程序，除了围棋，该程序还会国际象棋等多种棋类，可以说，在棋类比赛上计算机或者人工智能已经战胜了人类。除了棋类，机器人足球赛也曾经风靡一时，成为各大院校竞技的项目。

（9）语音助手。从 2011 年 iPhone 4S 搭载智能语音助手 Siri 开始，各大厂商逐渐嗅到了语音这一新兴市场，谷歌、亚马逊等大厂逐渐进军语音市场，最为突出的当属谷歌，推出了 d-vector 技术，又相继推出语音搜索功能、利用唤醒词“OK Google”进行手机声纹解锁、将文本无关的声纹技术部署到谷歌主页上。2020 年，谷歌将声纹技术部署到了 Bose 等支持谷歌语音助手的第三方设备上，给用户带来了更好的个性化交互体验。语音助手已经被搭载在形形色色的应用上。例如，导航系统、天猫、小米科技等的智能音箱都可以实现语音助手的功能，中国建设银行也在其 App 中增添了声音功能。

除了以上应用，人工智能在智能制造、智能诊断、智能通信方面都已经有了应用，人工智能正在以不可阻挡的趋势进入各个领域。

图 1-7　机器博弈

1.5　人工智能的主要方向

人工智能的主要方向有监督学习和非监督学习，如图 1-8 所示。

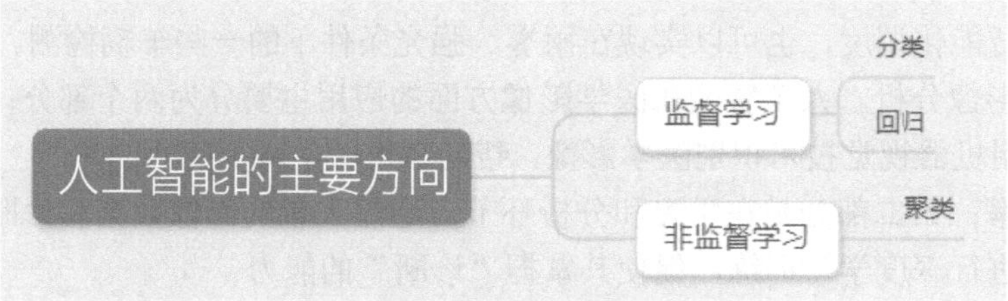

图 1-8　人工智能的主要方向

监督学习也叫作预测分析，是有标签数据的学习方式。

（1）回归：预测定量数据，主要使用均方差作为预测指标。

（2）分类：预测定性数据，主要使用准确率作为预测指标。

非监督学习是没有标签数据的学习方式。

聚类：将数据按照特征行为进行分类，主要使用轮廓系数作为预测指标。

1.6　人工智能的主要算法

人工智能的主要算法是机器学习及深度学习，一般认为深度学习是机器学习的一种，但因为深度学习的特殊性，一般把深度学习单列出来。

1.6.1　机器学习

机器学习的基本流程是问题建模—获取数据—特征工程—模型训练与验证—模型诊断与调优—线上运行。机器学习的重要算法有分类、回归和聚类。

1. 分类

分类主要是标识样本所属的类别。例如，猫狗分类、垃圾邮件检测等。分类中常见的算法有支持向量机、KNN、逻辑回归、决策树、朴素贝叶斯。

2．回归

回归是预测与样本关联的连续值属性。例如，房价预测、股票价格等。回归中常见的算法有 SVR、KNN、线性回归、贝叶斯回归、决策树、随机森林、梯度提升决策树等。

3．聚类

聚类是指自动将相似样本归为一组。它寻找数据的内容结构，将数据划分为有意义或有用的簇，使得簇内的相似度大，簇间的相似度小。例如，客户细分、分组实验结果等。常见的算法有 K-means、BIRCH（Balanced Iterative Reducing and Clustering using Hierarchies）、Spectral（谱聚类）。Scikit-Learn 中文界面如图 1-9 所示。

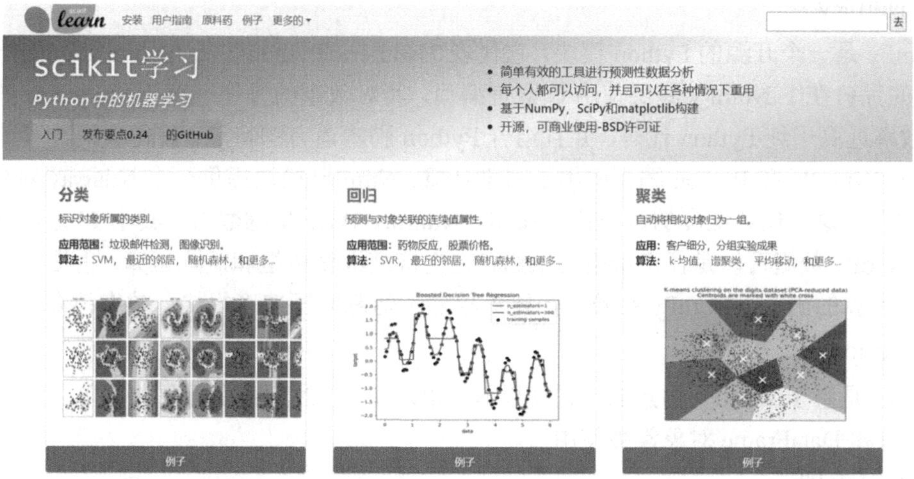

图 1-9　Scikit-Learn 中文界面

1.6.2　深度学习

机器学习一直是人工智能背后的推动力量。所有机器学习中最关键的是深度学习。深度学习的概念源于人工神经网络的研究，含多个隐藏层的多层感知机就是一种深度学习结构。深度学习通过组合低层特征形成更加抽象的高层表示属性类别或特征，以发现数据的分布式特征表示。深度学习最好的表现是深度神经网络（DNN）。深度神经网络只是一个超过 2 层或 3 层的神经网络，如图 1-10 所示。值得注意的是，深度神经网络并不是深度学习的唯一类型。

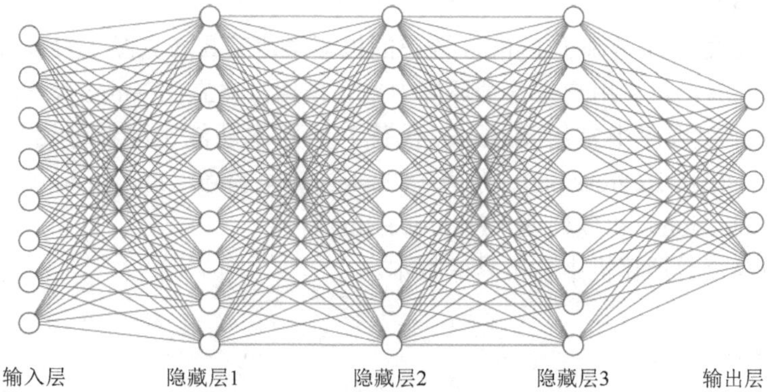

图 1-10　深度学习使用的深度神经网络结构（3 层为例）

1.7 人工智能相关的基础学习库与工具

1. Python

Python 有一个交互式的开发环境，是一种解释型的、面向对象的程序设计语言。因为 Python 是解释运行的编程语言，所以大大节省了每次编译的时间。Python 语法简单，且内置了多种高级数据结构，如字典、列表等，所以使用起来特别简单，程序员很快就可以学会并掌握它。Python 具有大部分面向对象语言的特征，可进行面向对象的编程。Python 具有简单易用、可移植性强等特点，可以在 MS-DOS、Windows、Windows NT、Linux 等各类操作系统上运行，得到了众多程序员的青睐。我们会在项目 2 中会对 Python 知识进行系统的介绍。

2. NumPy

NumPy 是一个开源的 Python 模块，它代表“Numeric Python”，是由 Jim Hugunin 开发的。NumPy 的优势在于 NumPy 底层使用 C 语言编写，其对数组的操作速度不受 Python 解释器的限制，效率远高于纯 Python 代码，并且结合 Python 脚本语言的特点，使得代码比其他语言更简洁易读。NumPy 在 Python 编程中用于科学计算，NumPy 模块提供一个 Ndarray 对象，用户可以用这个对象对任意维度的数组执行操作。Ndarray 代表 N 维数组，其中 N 是任意数，这意味着 NumPy 数组可以是任意维度的数组，它支持高维度数组和矩阵运算，也提供了许多数组和矩阵运算的函数。NumPy 在数组、矩阵存储和运算方面速度很快，效率很高。

3. Pandas

Pandas 是基于 NumPy 构建的，它使以 NumPy 为中心的应用变得更加简单。Pandas 中的 Series 对象和 DataFrame 对象常被使用。

4. Matplotlib

Matplotlib 是一个 Python 2D 绘图库，可以在各种平台上以各种硬拷贝格式和交互式环境生成具有出版质量的数据。Matplotlib 可用于 Python 脚本、Python 和 IPython Shell、Jupyter 笔记本、Web 应用程序服务器和 4 个图形用户界面工具。

5. SciPy

SciPy 以 NumPy 的高性能数组及其基本计算工具为基础，提供了大量用来操作 NumPy 数组的函数。SciPy 可以实现处理图像（如读取、重置大小、存储等）、测量两点间距离、2D 绘画和图像绘画等操作。

6. Scikit-Learn

Scikit-Learn 功能模块是基于 Python 语言的机器学习工具（见图 1-11）。简单高效的数据挖掘和数据分析工具，可供用户在各种环境中重复使用，建立在 NumPy、SciPy 和 Matplotlib 上，Scikit-Learn（在程序中常用 Sklearn 代替）的基本功能主要被分为 6 大部分：分类（Classification）、回归（Regression）、聚类（Clustering）、降维（Dimensionality reduction）、模型选择（Model selection）和预处理（Preprocessing）。

可用以下命令查看计算机中各工具库版本。

```
# 源程序 1-1
import numpy as np
import scipy
import matplotlib
import pandas
```

```
import Sklearn

print("NumPy version:", np.__version__)
print("SciPy version:", scipy.__version__)
print("Matplotlib version:", matplotlib.__version__)
print("Pandas version:", pandas.__version__)
print("Scikit-Learn version:", Sklearn.__version__)
NumPy version: 1.16.5
SciPy version: 1.0.0
Matplotlib version: 3.1.1
Pandas version: 0.25.1
Scikit-Learn version: 0.21.3
```

图 1-11　Scikit-Learn 功能模块

1.8　深度学习框架与平台

为了提高编程效率，已经出现了一批支持深度学习编程的框架与平台，对于初学者来说，使用这些框架与平台可以降低深度学习的入门门槛。

初学者或一般开发人员在进行深度学习编程时最好使用一个支持自身所用编程语言的框架，这样，就不必从定义复杂的神经网络开始编程，而只需要选择框架中已有的模型和算法即可。当然，在进一步的深度学习编程中，既可以在已有模型和算法的基础上加入自己的代码，又可以自己设计算法而仅调用框架中提供的函数。

常见的开源系统和工具有 TensorFlow、Torch（PyTorch）、Caffe、Theano 等。

（1）TensorFlow。TensorFlow 是谷歌开发的一款数值计算软件。TensorFlow 用数据流图（Data Flow Graph）的形式进行计算，图中每个节点代表数据的数学运算或输入/输出，其中输入/输出可以是一个数或者张量（Tensor），节点间的连线代表张量（多维数组）之间的处理关系。用 TensorFlow 实现的项目可以灵活地部署在一个或多个 CPU/GPU 的服务器上，甚至可以被部署在移动设备上。TensorFlow 是由研究人员和 Google Brain 团队针对机器学习和深度神经网络开发的，开源后几乎可用于各个领域。TensorFlow 是全世界用户最多、社区最大的一个框架，有与 Python 和 C++的接口。

（2）Torch（PyTorch）。Torch（PyTorch）是一个含有大量机器学习的科学计算框架，其特点是特别灵活，但因其主要语言接口是 Lua 而使其推广受到限制。由于现在 GitHub 上大部分深度学习框架的语言接口都是 Python，因此 Torch 团队就用 Python 重写了整个框架而得到了 PyTorch。PyTorch 不仅能实现强大的 GPU 加速功能，而且支持动态神经网络。除 Facebook 外，已经被 Twitter、CMU 和 Salesforce 等机构采用。

（3）Caffe。Caffe 是加利福尼亚大学伯克利分校的博士贾扬清用 C++开发的，全称为 Convolutional Architecture for Fast Feature Embedding。Caffe 是一个清晰而高效的开源深度学习框架。Caffe 不仅对卷积网络的支持度很高，而且提供了与 C++、MATLAB、Python 的接口。

（4）Theano。Theano 是一个进行数值计算的 Python 库，其核心是一个数学表达式的编译器，用于操作和评估数学表达式。在 Theano 中，计算是使用 NumPy 语法表示的，并经过编译后可以在 CPU 或 GPU 架构上高效运行。Theano 是一个开源项目，诞生于蒙特利尔大学，是专门为深度学习中处理大型神经网络而设计的。它是这类深度学习库的首创之一，被视为深度学习研究和开发的行业标准。

目前，深度学习领域的情况是，谷歌的 TensorFlow 和 Facebook 的 PyTorch 基本“平分秋色”。

1.9 人工智能简单要素

人工智能技术包含 4 个基本要素：数据、模型、损失函数和训练策略，在后续的学习中都会学到，这里就机器学习中常见的训练和测试进行简要的说明，并通过例子来展现一下人工智能编程的规则与基于规则的编程的逻辑有何不同。

1.9.1 训练和测试

一般机器学习分为训练和测试两个步骤，这两个步骤可以先后执行也可以重叠执行。训练，就是给出大量的训练数据，告诉机器一些经验。例如，什么是猫、什么是狗、什么是花。训练后的成果就是形成一个带有各种参数的模型，利用测试数据，测试模型的可靠性。

训练又包括有监督学习和无监督学习两种：有监督学习就是训练数据带有标签，相当于数学试题有标准答案；无监督学习是没有标签的，仅靠观察自学在数据中提取特征。

1.9.2 基于人工智能的编程和基于规则的编程

有如在 C 语言进行的编程，虽然基于人工智能的编程是基于规则和符号推理的，但是用户可以利用大量数据使计算机自动学习知识、自动训练并进行判别。

由于人工智能可以利用数据解决简单规则无法解决或者难以解决的问题，因此被广泛应用在了搜索引擎、无人驾驶、机器翻译、医疗诊断、人脸识别、数据匹配、信用评级等任务中。

下面用一个最简单的例子来展现基于人工智能的编程和基于规则的编程的区别。

【任务描述】

有个经典的游戏：fizzbuzz。玩家从 1 数到 100，玩家数到的数字如果被 3 整除，那么喊 fizz；如果被 5 整除，那么喊 buzz；如果以上两个条件都满足，那么就喊 fizzbuzz；否则就直接说出该数字。

这个游戏玩起来如下面的排列。

1，2，fizz，4，buzz，fizz，7，8，fizz，buzz，11，fizz，13，14，fizzbuzz，16…

1．基于规则的编程

```
# 源程序 1-2
```

```
import numpy as np
res=[]
for i in range(1, 101):
    # 对 15 取余为 0，输出 fizzbuzz
    if i % 15 == 0:
        res.append('fizzbuzz')
    # 对 3 取余为 0，输出 fizz
    elif i % 3 == 0:
        res.append('fizz')
    # 对 5 取余为 0，输出 buzz
    elif i % 5 == 0:
        res.append('buzz')
    # 若不符合以上 3 种情况，则直接输出数字
    else:
        res.append(str(i))
print(' '.join(res))
```

运行结果如下。

1 2 fizz 4 buzz fizz 7 8 fizz buzz 11 fizz 13 14 fizzbuzz 16 17 fizz 19 buzz fizz 22 23 fizz buzz 26 fizz 28 29 fizzbuzz 31 32 fizz 34 buzz fizz 37 38 fizz buzz 41 fizz 43 44 fizzbuzz 46 47 fizz 49 buzz fizz 52 53 fizz buzz 56 fizz 58 59 fizzbuzz 61 62 fizz 64 buzz fizz 67 68 fizz buzz 71 fizz 73 74 fizzbuzz 76 77 fizz 79 buzz fizz 82 83 fizz buzz 86 fizz 88 89 fizzbuzz 91 92 fizz 94 buzz fizz 97 98 fizz buzz

2. 基于人工智能的编程

```
# 源程序 1-3
import numpy as np
from sklearn import linear_model as lm
# 特征工程，构建特征方法
def feature_engineer(i):
    return np.array([i % 3, i % 5, i % 15])

# 预测的指标：number, fizz, buzz, fizzbuzz
def construct_sample_label(i):
    if i % 15 == 0:
        return np.array(['fizzbuzz'])
    elif i % 5 == 0:
        return np.array(['buzz'])
    elif i % 3 == 0:
        return np.array(['fizz'])
    else:
        return np.array(['Number'])

# 准备训练集 x_train 在[101,200]区间数据的特征工程，y_train 也是[101,200]区间数据的标签
x_train = np.array([feature_engineer(i) for i in range(101, 201)])
y_train = np.array([construct_sample_label(i) for i in range(101, 201)])

# 根据训练集，训练出 Logistic 识别模型
logistic = lm.LogisticRegression( )
```

```
logistic.fit(x_train, y_train)

# 准备测试集，数据区间为[1,100]，测试模拟数据区间的识别率
x_test = np.array([feature_engineer(i) for i in range(1, 101)])
y_test = np.array([construct_sample_label(i) for i in range(1, 101)])

# 代表模型精准程度
score = logistic.score(x_test, y_test)
print("LogisticRegression Score:%f" % score)  # LogisticRegression Score: 1.000000

# 实际用 300 以上的数据做预测，可以预测的结果如下面备注
print(logistic.predict(np.expand_dims(feature_engineer(303),0)))  # 结果: fizz  预测正确
print(logistic.predict(np.expand_dims(feature_engineer(300),0)))  # 结果: fizzbuzz 预测正确
print(logistic.predict(np.expand_dims(feature_engineer(205),0))) # 结果: buzz 预测正确
```

运行结果如下。

LogisticRegression Score:1.000000

['fizz']

['fizzbuzz']

['buzz']

从以上两段代码可以看出，人工智能虽然可以解决简单规则的编程，但是程序长，反倒不如基于规则的编程简单明了（结果也非常准确），所以，是否使用人工智能技术，还要根据具体的任务需求确定。

课后习题

一、选择题

1．1956 年，在达特茅斯学院的人工智能研讨会上，（　　）正式提出“人工智能”这个概念，被视为人工智能学科的起点。

A．约翰·麦卡锡　　B．图灵　　C．马文·明斯基　　D．香农

2．（　　）年，在由十几位青年学者参与的达特茅斯暑期研讨会上诞生了“人工智能”。

A．1954　　B．1955　　C．1956　　D．1957

3．1950 年，图灵在他的论文（　　）中，提出了关于机器思维的问题。

A.《论数字计算在决断难题中的应用》

B.《论可计算数及其在判定问题中的应用》

C.《可计算性与 λ 可定义性》

D.《计算和智能》

4．以下叙述不正确的是（　　）。

A．图灵测试混淆了智能和人类的关系

B．机器智能的机制必须与人类智能相同

C．机器智能可以完全在特定的领域中超越人类智能

D．机器智能可以有人类智能的创造力

5．机器人的三定律中第一条是（　）。

A．机器人不得伤害人类个体，或者目睹人类个体将遭受危险而袖手不管

B．机器人必须服从人给予它的命令

C．机器人要尽可能保护自己的生存

D．机器人必须保护人类的整体利益不受伤害

6．AlphaGo 系列机器人曾与（　）出战过围棋比赛。

A．李世石　B．柯洁　C．樊麾　D．以上都是

7．人和机器最大的区别是（　）。

A．能动性　B．人性　C．思维　D．计算

8．人类历史上第一部完全由机器人“小冰”所写的诗集是（　）。

A．《歌尽桃花》　B．《三生三世》

C．《那天，阳光正好》　D．《阳光失了玻璃窗》

9．人工智能在投资领域的作用不包括（　）。

A．机器学习　B．自然语言处理

C．执行高效　D．知识图谱

10．计算机（　）编程语言常常会应用于人工智能的开发库。

A．C++　B．Python　C．Java　D．Delphy

11．古代（　）发明了运粮工具“木牛流马”。

A．曹操　B．诸葛亮　C．鲁班　D．张衡

12．AI 是英文（　）的缩写。

A．Automatic Intelligence　B．Artificial Intelligence

C．Automatic Information　D．Artificial Information

二、判断题

1．约翰·麦卡锡与麻省理工学院的马文·明斯基被誉为人工智能之父。（　）

2．图灵测试是指测试者与被测试者（一台机器和一个人）隔开的情况下，通过一些装置（如键盘）向被测试者随意提问。如果测试者不能分辨出被测试者是机器还是人，那么这台机器就通过了测试，并被认为具有人类智能。（　）

3．人类智能可以和机器智能相互融合。（　）

4．科学和哲学的区别在于科学解释世界，哲学改变世界。（　）

5．人机象棋之战实际上是人和工程师之战。（　）

6．机器的优势在于善于处理复杂的确定性问题。（　）

7．人类智能和人工智能是完全不同的概念。（　）

8．目前“小冰”的诗已经形成自己的独特风格和行文技巧。（　）

9．目前人工智能还不能理解人类智能。（　）

10．深度学习缘起于 2006 年 Hinton 等人提出的深度学习技术。（　）

三、简答题

1．谈谈你是如何理解人工智能的。

2．人工智能的三次浪潮分别是什么？

3．谈谈你熟悉的人工智能的应用场景。

4．何谓“图灵实验”？简单描述之。

四、编程题

题目描述：将书中的 fizzbuzz 问题改变，并参考实例实现基于规则和基于机器学习的方式进行解决。

写个程序来玩 fizzbuzz 游戏。玩家从 1 数到 100，玩家数到的数字如果被 3 整除，那么喊 fizz；如果不被 3 整除，那么直接说出该数字。这个游戏玩起来就像是 1,2,fizz,4,5,fizz,7,8…

1．学习目的

- 对机器学习和基于规则的编程有简单的认识和区分。
- 对比传统基于规则的编程和基于数据的人工智能编程。

实践过程可以参考 Scikit-Learn、NumPy 等相关文档。

2．环境及要求

- 通过 Python 实现即可。有余力的读者可以通过 Scikit-Learn 加深理解和学习。
- 本项目建议使用 Python3.x 来完成。

3．提交材料

- PDF 报告文件，写清楚代码实现过程及心得体会。
- 项目相关代码（包括从原始数据开始到最终结果及过程中的所有代码）。

项目 2

Python 基础

教学导航

知识目标	1. 了解 Python 语言的特点和优势 2. 熟悉 Python 语言基础运算等 3. 掌握 Python 语言模块的含义 4. 掌握 Python 语言数据结构、字典、集合的含义 5. 掌握 Python 语言基本语句 6. 理解函数的含义 7. 掌握 Python 面向对象的编程语法
职业技能目标	1. 掌握 Python 语言模块的使用方法 2. 会使用 Python 语言，诸如加、减、乘、除等基本操作 3. 能区分 Python 语言列表和元组使用方法 4. 能够灵活使用 Python 语言数据结构、字典、集合等操作 5. 能够独立编写简单的程序 6. 能够独立实现 Python 语言中的可视化 7. 能够在程序中准确使用对象、继承和组合
知识重点	Python 语言数据结构的使用 Python 语言列表、元组、字典和集合的区别 Python 语言面向程序的语法
知识难点	Python 语言面向程序的对象、继承和组合
推荐学习方法	边学边练

知识导图

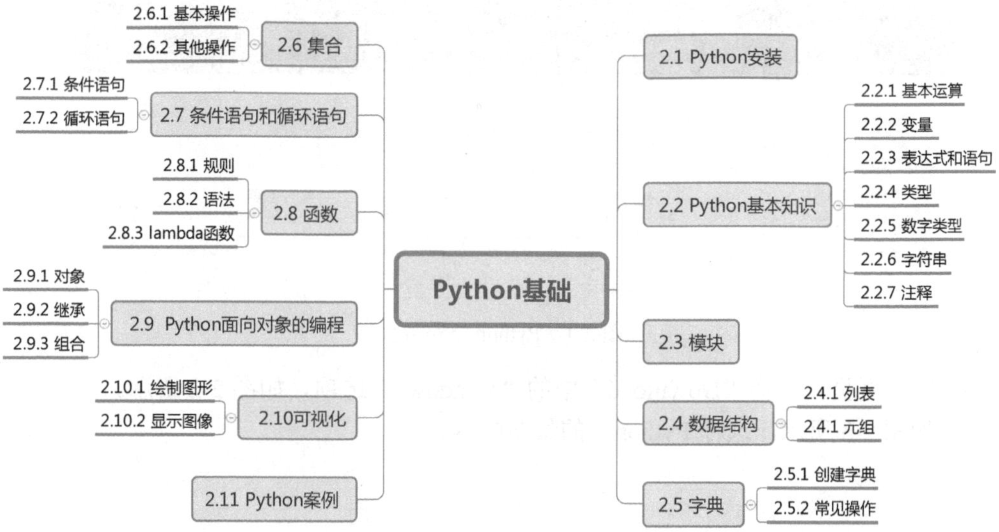

Python 是一种简单的、解释型的、交互式的、可移植的、面向对象的超高级语言。Python 语言是新西兰的 Guido van Rossum 于 1990 年创建的，名称 Python 来自英国流行喜剧《Monty Python 的飞行马戏团》。现在，Python 由一个志愿者团队开发和维护。

Python 支持网络编程，支持矢量编程。Python 带有丰富的程序库，诸如开源机器学习库 Scikit-Learn；带有用于自然语言处理的 NLTK 库；带有统计数据可视化库 Seaborn；带有可用于高效训练图像处理的神经网络单元的 Theano 库；带有科学计算的核心库 SciPy、NumPy、Matplotlib、Pandas 及 GPU 并行库等。它们使得编程方便快捷，程序运行效率高，功能强大。特别是 Python 可以使用开源深度学习框架 TensorFlow 方便地编制深度学习程序。正是由于具有如此多的特点和优势，所以 Python 现在被广泛使用，特别是在数据科学和机器学习领域堪称最为流行的语言，在最新的 TIOBE 开发语言排行中，Python 名列第 7。

本项目主要学习 Python 编程语言的入门知识，目的是让读者快速掌握核心 Python 语言基础知识。

2.1 Python 安装

可以运行 Python 的环境有很多，在人工智能中，常用的编译环境有 Pycharm、VScode 或者 Anaconda。这里主要介绍只运行 Python 的软件，我们以 Windows 操作系统为例，在学习 Python 之前，先介绍一下 Python 的安装方法。

（1）打开 Web 浏览器，打开 Python 官网。

（2）如图 2-1 所示，选择“Download”中的“Latest:Python 3.10.3”选项。

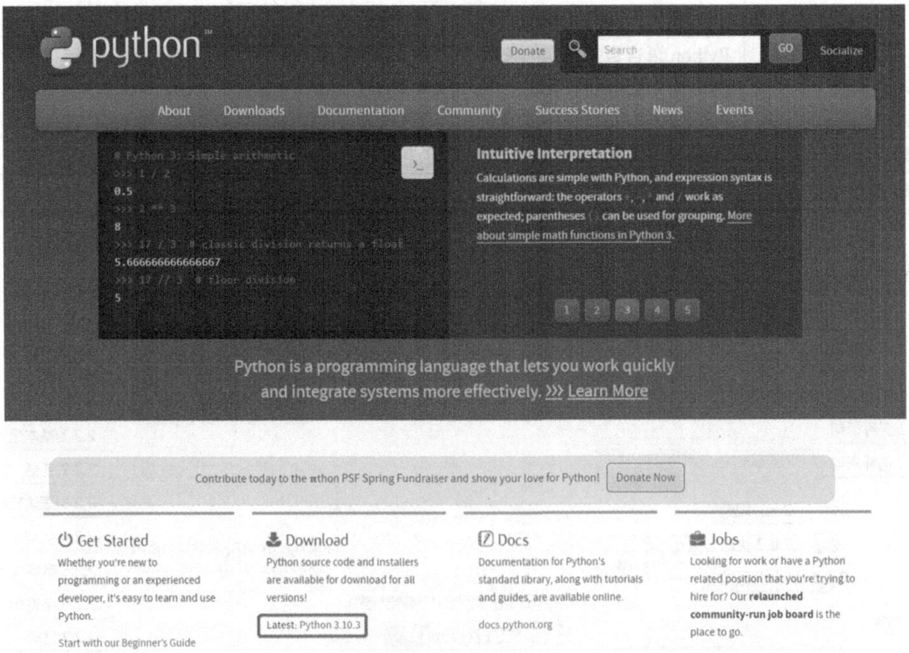
python
Donate
Search
GO
Socialize
About
Downloads
Documentation
Community
Success Stories
News
Events
0.5
8
5.666666666666667
5
Intuitive Interpretation
1 2 3 4 5
Python is a programming language that lets you work quickly and integrate systems more effectively. >>> Learn More
Donate Now
Get Started
Whether you're new to programming or an experienced developer, it's easy to learn and use Python.
Start with our Beginner's Guide
Download
Python source code and installers are available for download for all versions!
Latest: Python 3.10.3
Docs
Documentation for Python's standard library, along with tutorials and guides, are available online.
docs.python.org
Jobs
Looking for work or have a Python related position that you're trying to hire for? Our relaunched community-run job board is the place to go.

图 2-1　Python 下载界面

（3）下拉网页，选择“Download”中的“Windows”选项，如图 2-2 所示。

（4）如图 2-3 所示，选择 Python 3 的最新版本。

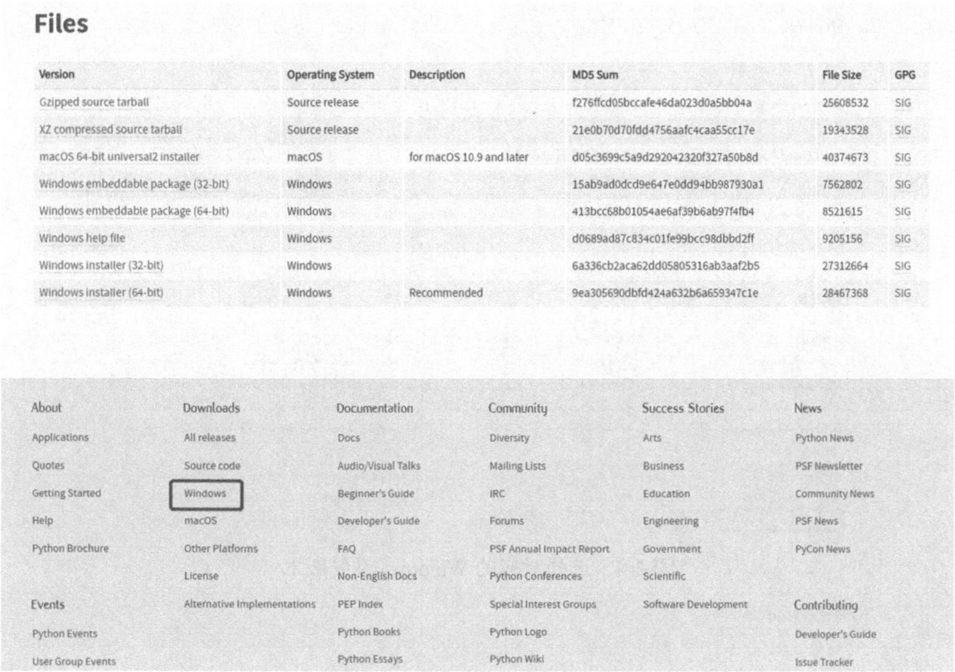

Files
Version | Operating System | Description | MD5 Sum | File Size | GPG
Gzipped source tarball | Source release | | f276ffcd05bccafe46da023d0a5bb04a | 25608532 | SIG
XZ compressed source tarball | Source release | | 21e0b70d70fdd4756aafc4caa55cc17e | 19343528 | SIG
macOS 64-bit universal2 installer | macOS | for macOS 10.9 and later | d05c3699c5a9d292042320f327a50b8d | 40374673 | SIG
Windows embeddable package (32-bit) | Windows | | 15ab9ad0dcd9e647e0dd94bb987930a1 | 7562802 | SIG
Windows embeddable package (64-bit) | Windows | | 413bcc68b01054ae6af39b6ab97f4fb4 | 8521615 | SIG
Windows help file | Windows | | d0689ad87c834c01fe99bcc98dbbd2ff | 9205156 | SIG
Windows installer (32-bit) | Windows | | 6a336cb2aca62dd05805316ab3aaf2b5 | 27312664 | SIG
Windows installer (64-bit) | Windows | Recommended | 9ea305690dbfd424a632b6a659347c1e | 28467368 | SIG
About
Applications
Quotes
Getting Started
Help
Python Brochure
Downloads
All releases
Source code
Windows
macOS
Other Platforms
License
Alternative Implementations
Documentation
Docs
Audio/Visual Talks
Beginner's Guide
Developer's Guide
FAQ
Non-English Docs
PEP Index
Python Books
Python Essays
Community
Diversity
Mailing Lists
IRC
Forums
PSF Annual Impact Report
Python Conferences
Special Interest Groups
Python Logo
Python Wiki
Success Stories
Arts
Business
Education
Engineering
Government
Scientific
Software Development
News
Python News
PSF Newsletter
Community News
PSF News
PyCon News
Events
Python Events
User Group Events
Contributing
Developer's Guide
Issue Tracker

图 2-2　选择“Windows”系统

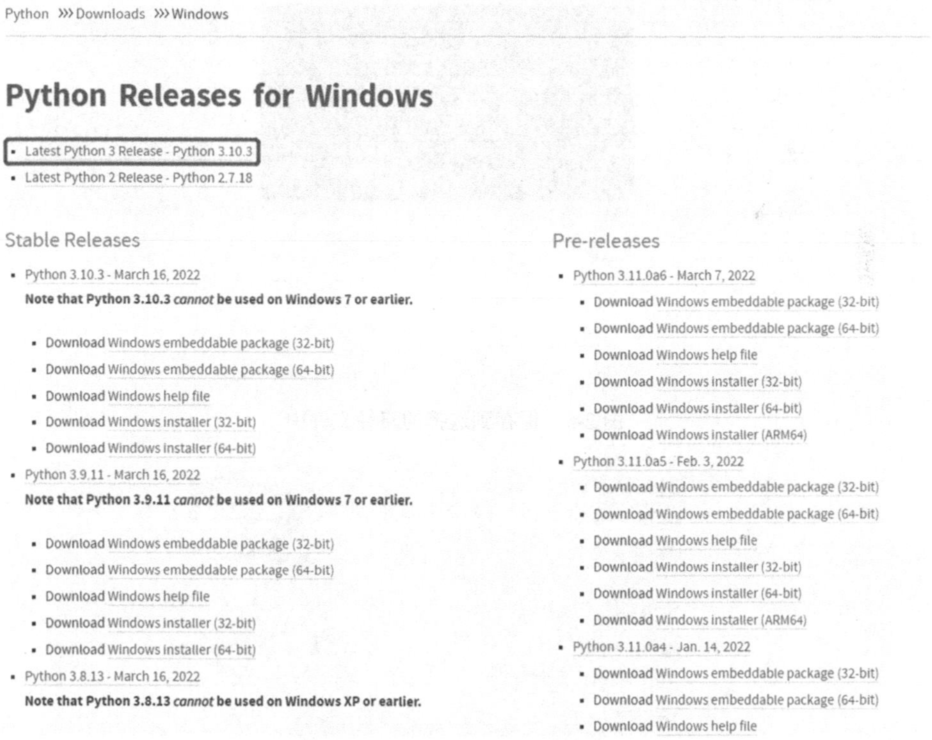

图 2-3　选择 Python 版本

（5）下载后，选择对应的 Windows 系统版本（见图 2-4），按照提示安装，如图 2-5 所示。

（6）单击“开始”按钮，即可查看是否安装成功，如图 2-6 所示。

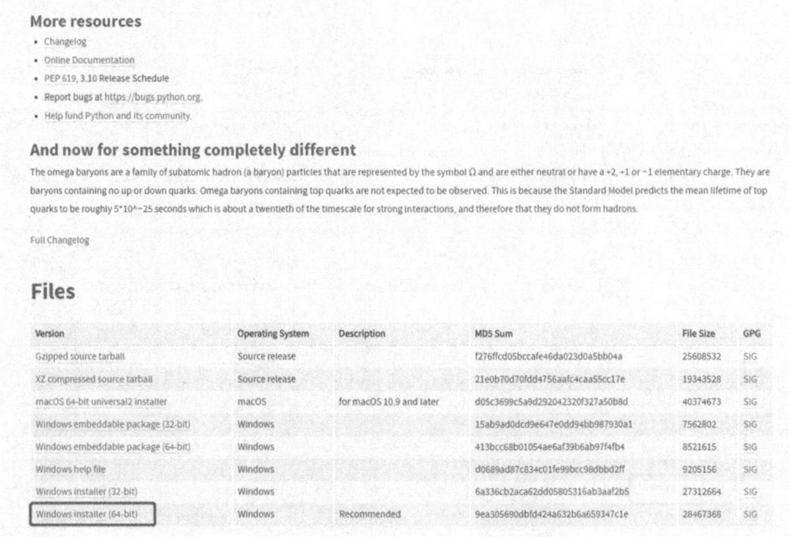
More resources
Changelog
Online Documentation
PEP 619, 3.10 Release Schedule
Report bugs at https://bugs.python.org.
Help fund Python and its community.
And now for something completely different
The omega baryons are a family of subatomic hadron (a baryon) particles that are represented by the symbol Ω and are either neutral or have a +2, +1 or −1 elementary charge. They are baryons containing no up or down quarks. Omega baryons containing top quarks are not expected to be observed. This is because the Standard Model predicts the mean lifetime of top quarks to be roughly 5*10^−25 seconds which is about a twentieth of the timescale for strong interactions, and therefore that they do not form hadrons.
Full Changelog
Files
Version
Operating System
Description
MD5 Sum
File Size
GPG
Gzipped source tarball
Source release
25608532
SIG
XZ compressed source tarball
Source release
19343528
SIG
macOS 64-bit universal2 installer
macOS
for macOS 10.9 and later
40374673
SIG
Windows embeddable package (32-bit)
Windows
7562802
SIG
Windows embeddable package (64-bit)
Windows
8521615
SIG
Windows help file
Windows
9205156
SIG
Windows installer (32-bit)
Windows
27312664
SIG
Windows installer (64-bit)
Windows
Recommended
28467368
SIG

图 2-4　选择对应的 Windows 系统版本

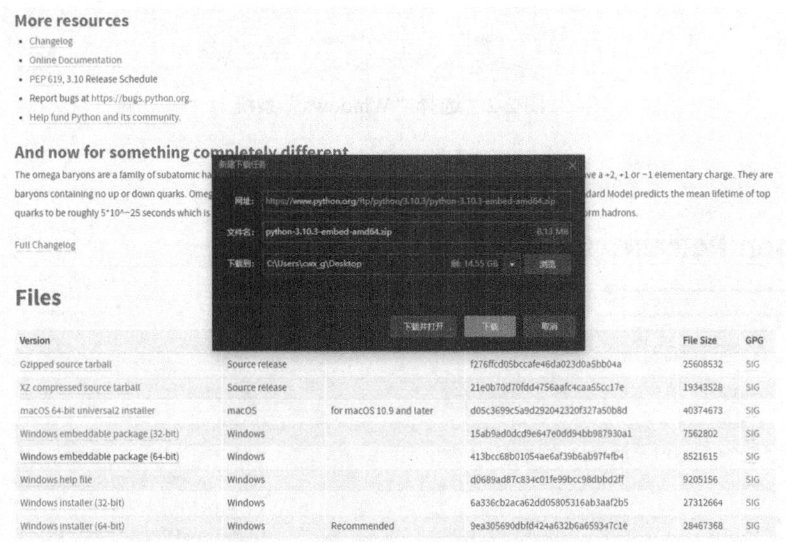
More resources
Changelog
Online Documentation
PEP 619, 3.10 Release Schedule
Report bugs at https://bugs.python.org.
Help fund Python and its community.
And now for something completely different
Full Changelog
Files
网址:
文件名:
python-3.10.3-embed-amd64.zip
下载到:
下载并打开
下载
取消
Version
File Size
GPG
Gzipped source tarball
Source release
25608532
SIG
XZ compressed source tarball
Source release
19343528
SIG
macOS 64-bit universal2 installer
macOS
for macOS 10.9 and later
40374673
SIG
Windows embeddable package (32-bit)
Windows
7562802
SIG
Windows embeddable package (64-bit)
Windows
8521615
SIG
Windows help file
Windows
9205156
SIG
Windows installer (32-bit)
Windows
27312664
SIG
Windows installer (64-bit)
Windows
Recommended
28467368
SIG

图 2-5　保存到选择的路径文件中

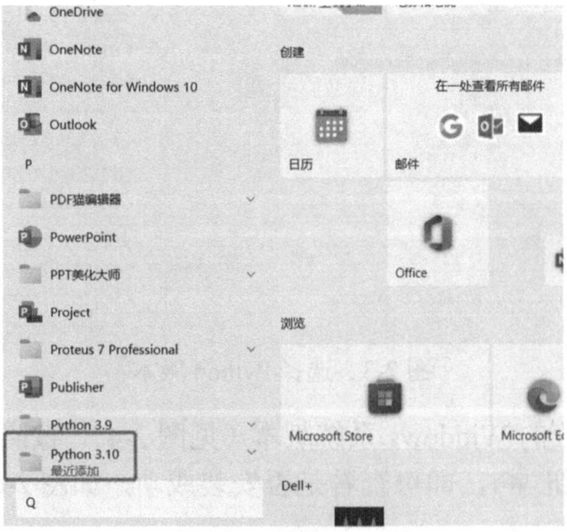
OneDrive
OneNote
OneNote for Windows 10
Outlook
P
PDF猫编辑器
PowerPoint
PPT美化大师
Project
Proteus 7 Professional
Publisher
Python 3.9
Python 3.10
最近添加
创建
在一处查看所有邮件
日历
邮件
Office
浏览
Microsoft Store
Dell+

图 2-6　查看是否安装成功

（7）单击“IDLE（Python3.10）”，出现如图 2-7 所示的界面。

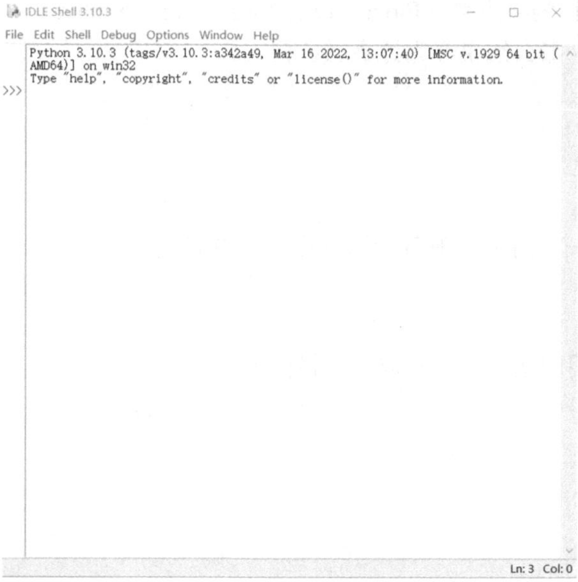

图 2-7　Python 编辑界面

2.2　Python 基本知识

如果熟悉其他计算机语言，那么可能会习惯每行以分号（;）结束。而 Python 不同，一行是一行，不管多少，虽然可以加分号（;），但是不起任何作用，除非同一行还有其他代码。Python 以句首缩进代表层次关系。

通过输入以下命令，查看是否运行正常。

```
>>> print("Hello,Python")
```

运行结果：Hello，Python。

“>>>”是提示符，后面书写命令行。

注意：这里的 print 为术语“打印”，意为在屏幕上输出的文本内容，并非通过打印机打印出来。

2.2.1　基本运算

Python 的交互性非常强，可以当作非常强大的计算器使用，下面来看一下基本运算——加、减、乘、除、取余。例如，

```
>>> 123+234
```

运行结果：357。

```
>>> 5-2
```

运行结果：3。

```
>>> 3*5
```

运行结果：15。

```
>>> 1/2
```

运行结果：0.5。

```
>>> 1%2
```

运行结果：1。

实数在 Python 中称为浮点数（Float，或者 Float-point Number），如果参与除法的两个数中有一个数为浮点数，那么结果亦为浮点数。

```
>>> 1.0/2.0
```

运行结果：0.5。

```
>>> 1.0/2
```

运行结果：0.5。

Python 还提供了一个用于实现整除的操作——双斜线。

```
>>> 1//2
```

运行结果：0。

还有一个非常有用的运算符——取余（模除）。

```
>>> 1%2
```

运行结果：1。

```
>>> 10%3
```

运行结果：1。

```
>>> 9%3
```

运行结果：0。

最后一个运算，是幂（乘方）运算符。

```
>>> 3**3
```

运行结果：27。

```
>>> -3**3
```

运行结果：-27。

2.2.2 变量

在 Python 中，变量基本上代表某值的名字，若希望用 x 代表 2，则只需要执行以下操作。

```
>>> x=2
```

这样的操作也称赋值，之后，就可以在表达式中使用变量了。

```
>>> x=2
>>> x*3
```

运行结果：6。

注意：变量名可以是字母、数字、下画线，但不能以数字开头。

2.2.3 表达式和语句

表达式是某事，而语句是做某事。比如 3*3 是 9，而 print(3*3)是打印 9。

语句和表达式的区别在赋值时会表现得更加明显。因为语句不是表达式，所以没有值可以供交互解释器打印出来。

```
>>> x=3
>>>
```

如前所述，使用幂运算符（**）可以计算乘方，事实上，还可以用函数 pow 来代替运算符。

```
>>> pow(3,3)
```

运行结果：27。

这里的函数，不同于数学中的函数的意义，译自“function”，即“功能”的意思，是可以实现特定功能的小程序。Python 有很多标准函数，也有自己定义的函数。通常会把 pow 等标准函数称为内建函数，可供调用。

2.2.4 对象类型

type( )是 Python 中的一个内置函数，可以很方便地查询对象数据类型，用法如下。

```
>>> type(10)
```

运行结果：<class 'int'>

```
>>> type(3.22)
```

运行结果：<class 'float'>

```
>>> type("hello")
```

运行结果：<class 'str'>

2.2.5 数字类型

Python 支持 3 种不同的数字类型：整型、浮点型和复数。

整型（int），通常称为整型或整数，是正整数或负整数，不带小数点。Python3 整型是没有限制大小的，可以当作 long 类型使用，所以 Python3 没有 Python2 的 long 类型。

浮点型（float），由整数部分与小数部分组成，也可以使用科学计数法表示。例如，2.5e2=25102=250。

复数，由实数部分和虚数部分组成，可以用 *a*+*b* 或者 complex(*ab*)表示，复数的实部 *a* 和虚部 *b* 都是浮点。

另外，还有布尔型。1 或者 0，真或者假，就称为布尔型。

2.2.6 字符串

字符串是 Python 中最常见的类型，常用单引号或者双引号创建。字符串的内容几乎可以包含任何字符，既可以是英文字符，又可以是中文字符，本质就是值，像数字一样。

```
>>> value="I Love China"
>>> print(value,type(value))
```

运行结果：I Love China <class 'str'>

注意：这里输入时是双引号，输出时就是单引号了，这是怎么回事呢？

事实上，使用单引号、双引号都可以，有时候是为了避免混淆。例如：

```
>>> "Let's go"
```

运行结果："Let's go"。

```
>>> ' "Hello,Python" I said '
```

运行结果：'"Hello,Python" I said'。

如果不特意区分，那么这段代码会混淆单双引号，出现如下情况。

```
>>> 'Let's go'
```

运行结果：SyntaxError: invalid syntax

这个时候，我们可以用反斜线（\）对字符串的引号进行转义。

```
>>> 'Let\'s go'
```

运行结果："Let's go"。

这个时候，Python 就会明白中间的单引号是字符串中的一个字符，而不是字符串的结束标志。同样，双引号也可以使用相同的转义方式。

```
>>> "\"Hello,Python\" I said"
```

运行结果：'"Hello,Python" I said'。

小拓展：

在普通字符串中，反斜线有特殊作用，它会转义。

对于需要分行的场合，可以将换行符“\n”放到字符串中进行转行。例如，

```
>>> print("锄禾日当午\n 汗滴禾下土\n 谁知盘中餐\n 粒粒皆辛苦")
```

运行结果：锄禾日当午

汗滴禾下土

谁知盘中餐

粒粒皆辛苦。

字符串常见操作：拼接、索引、切片等。

```
# 拼接（使用“+”进行字符串拼接）
>>> s1="Python"
>>> s2=" is interesting"
>>> s=s1+s2
>>> s
```

运行结果：'Python is interesting'

```
# 索引
>>> a="abcdefg"
>>> print(a[1])
```

运行结果：b。

```
# 切片
>>> a = "abcdefg"
>>> print(a[1:5:1])
```

运行结果：bcde。

字符串常见内建函数：str( )和 repr( )。

```
# 数值转成字符串
>>> s1="这是数字:"
>>> n1=66
>>> print(s1+str(n1))
```

运行结果如下。

这是数字：66

```
>>> print(s1+repr(n1))
```

运行结果如下。

这是数字：66

小拓展：

input( )函数。

input( )函数用于向用户生成一条输入操作的提示，用户可以输入任何内容，input( )函数总是返回一个字符串。

```
a=input("请输入您的值:")
print(a)
90
```

运行结果如下。

请输入您的值：90。

2.2.7 注释

注释是为了让程序更容易被理解，这里的注释用“#”表示，它右边的一切都会被忽略。例如：

```
# 打印圆的周长
print 2*pi*radius
```

2.3 模块

模块是程序语言的一种高级封装，本质也是一段相对独立的程序，可以把模块当作导入 Python 中以增强其功能的扩展的单元。如果在 Python 的安装目录下创建一个叫作 hello.py 的文件，那么一个文件就是一个独立的模块。

一般使用特殊命令 import 来导入模块。主要有以下几种导入形式。

1）import 模块名

通过 import 模块名方法导入的模块，可以通过使用模块名.函数( )的形式实现。如果 floor( )函数就在 math 模块中，那么便可以执行如下操作。

```
>>> import math
>>> math.floor(66.66)
```

运行结果：66。

2）from 模块名 import 函数名

如果不想每次操作都写上模块的名字，那么将其作为前缀，便可以实施以下操作。

```
>>> from math import sqrt
>>> sqrt(16)
```

运行结果：4.0。

3）import 模块名 as 新名称

这种方法可以把较长名字的模块重命名为较短的名字。

```
import numpy as np
```

小拓展：

__name__='__main__'的含义。

当作为程序运行时，__name__的属性值是'__main__'；当作为模块导入时，__name__属性值就是该模块的名称。

2.4 数据结构

本节将引入一个新的概念：数据结构。数据结构是通过某种方式（例如，对元素进行编号）组织在一起的数据元素的集合，这些数据元素既可以是数字或者字符，又可以是其他数据结构。在 Python 中，最基本的数据结构是序列（sequence）。序列中的每个元素被分配一个序号，即元素的位置，也称索引。若第一个索引是 0，第二个则是 1，以此类推。

日常生活中，对某些东西计数或者编号时，可能会从 1 开始，所以 Python 使用的编号机制可能看起来很奇怪，但这种方法其实非常自然。在后面的内容中可以看到，这样做的一个原因是可以从最后一个元素开始计数：序列中的最后一个元素被标记为-1，倒数第二个元素被标记为-2，以此类推。

Python 包含 6 种内建的序列，本节重点讨论最常用的 2 种类型：列表和元组。

列表和元组的主要区别在于，列表可以修改，元组则不能。也就是说，如果根据要求添加元素，那么列表可能会更好用；而出于某些原因，序列不能修改时，使用元组更为合适。使用后者的理由通常是技术性的，它与 Python 内部的运作方式有关，这也是内建函数可能返回元组的原因。一般来说，在几乎所有情况下列表都可以替代元组。

其他的内建序列类型有 Unicode 字符串、buffer 对象和 xrange 对象。所有序列都可以进行某些特定操作，包括索引（indexing）、分片（slicing）、加（adding）、乘（multiplying）及检查成员是否属于序列成员。除此之外，还有计算长度、找出最大或最小元素的内建函数。

2.4.1 列表

列表内的元素可以是整型、浮点数、字符串或对象。列表形式：List=[ ]。

创建一个普通列表：list=[1,2,3]。该列表包含的均为同一种类型的元素，如例子均为整数。

创建一个混合列表：L=[666,'spam',6.66]。该列表可包含多种类型的元素，如例子中有整数、字符串和小数。

创建一个空列表：list=[]。

如果构建一个人员成绩信息数据库，那么可以用列表进行以下操作。

```
# 列表
>>> Guoxin=['Guoxin',80]
>>> Lilei=['Lilei',90]
>>> database=[Guoxin,Lilei]
>>> database
[['Guoxin', 80], ['Lilei', 90]]
```

除此之外，列表的操作包括索引、切片、追加、删除、长度、循环、包含等。

```
# 索引
>>> list=['A','B']
>>> Num=list[0]
>>> print(Num)
```

运行结果：A

```
# 切片
>>> list=['A','B','C','D']
>>> Num=list[0:2]
>>> print(Num)
['A', 'B']
# 追加
>>> list=['A','B','C','D']
>>> list.append('E')
>>> print(list)
['A', 'B', 'C', 'D', 'E']
```

```
# 删除
>>> list=['A','B','C','D']
>>> del list[0]
>>> print(list)
['B', 'C', 'D']
# 长度
>>> list=['A','B','C','D']
>>> print(len(list))
4
# 循环
for index in range(len(list)):
print index
print list[index]
# 包含
>>> l2=['a','b']
>>> l1=['c','d']
>>> total=l1+l2
>>> print(total)
['c', 'd', 'a', 'b']
```

列表的内置函数如下。

排序：ist.sort( )。

统计：list.count( )。

扩展：list.extend(seq)。

追加：list.append(seq)。

移除列表中的一个元素并且返回该元素的值：list.pop(obj=list[-1])。

移除列表中某个值的第一个匹配项：list.remove(obj)。

反向列表中的元素（倒序）：list.reverse( )。

清空列表：list.clear( )。

2.4.2 元组

Python 的元组与列表类似，不同之处在于元组的元素不能修改。元组使用圆括号，列表使用方括号。创建元组的语法很简单：用逗号分隔一些值，就可以自动创建元组了。

```
>>>1,2,3
```

运行结果：(1, 2, 3)

```
# 元组可以用圆括号括起来
>>>(1,2,3)
```

运行结果：(1, 2, 3)

```
# 空元组可以用空括号来表示
>>>()
```

运行结果：()

2.5 字典

如果想把值分组到一个结构中，且通过编号进行引用的话，那么列表就不能满足其需求了。需要一种可以产生映射关系的结构——字典。字典以键-值对的形式存在，没有顺序之分，键可以是数字、字符或者元组。

字典是一种数据结构，通过某个特定的词语（键）可以找到它的定义（值）。

2.5.1 创建字典

```
Schoolnumber={'Tom':01,'Peter':02, 'Alice':03}
```

字典由多个键-值对组成，其中，名字是键，学号是值。整个字典用花括号（{}）括起来，每个键-值之间用冒号（:）隔开，项之间用逗号（,）隔开。

注意：字典中的键是唯一的，但是值可以不是唯一的。

另外，也可以通过 dict( )函数创建字典。例如：

```
>>>d= dict(name='Tom',age=26)
>>>d
```

运行结果：{'name': 'Tom', 'age': 26}

但是，这里的 dict( )函数不是真正意义上的函数，它是个类型，和 List 一样。

2.5.2 常见操作

常见操作有索引、新增、删除、循环。

```
# 索引
>>> dic={"name":"Alice","age":25}
>>> dict1=dic["name"]
>>> print(dict1)
```

运行结果：Alice。

注意：在 Python 语言中，使用字符串单引号、双引号没有区别。

```
# 新增
>>> dic={"name":"Alice","age":25}
>>> dic["address"]="Beijing"
>>> print(dic)
```

运行结果：{'name': 'Alice', 'age': 25, 'address': 'Beijing'}。

```
# 删除
>>> dic={'name': 'Alice', 'age': 25, 'address': 'Beijing'}
>>> del dic["age"]
>>> print(dic)
```

运行结果：{'name':'Alice', 'address': 'Beijing'}。

此外，还有循环操作。

```
# 循环
for key, value in dict.items( ):
    print key
    print value
```

运行结果如下。

name

Alice

age

25

2.6 集合

集合和字典类似，也是一组键（key）的集合，但不存储值（value）。由于 key 不能重复，在集合中，没有重复的 key，因此是一个无序且不重复的元素集合。

2.6.1 基本操作

常见的基本操作有创建、转换、增加、删除、清除等，不支持索引、重复、连接、切片。

```
# 创建
s=set( ) # 创建一个空集合
s={'value1', 'value2'} # 创建非空集合
# 转换
# 元组转换
>>> s1=set(tuple)
>>> print(s1)
```

运行结果：{1, 2, 3}

```
# 列表转换
>>> list=[4,5,6]
>>> s2=set(list)
>>> print(s2)
```

运行结果：{4, 5, 6}

```
# 增加
>>> s3={7,8,9}
>>> s3.add(1)
>>> s3
```

运行结果：{1, 7, 8, 9}

```
# 删除（remove 和 discard）
>>> s3.remove(7)
>>> s3
```

运行结果：{1, 8, 9}

```
# 清除
>>> s3.clear( )
>>> s3
```

运行结果：set( )

2.6.2 其他操作

```
# 比较不同元素
>>> s1={1,2,3,4}
>>> s2={3,4,5,6,7}
# s1 中有 s2 中没有的元素
>>> s=s1.difference(s2)
>>> print(s)
```

运行结果：{1, 2}

```
# 删除相同元素
```

```
>>> s1={1,2,3,4}
>>> s2={3,4,5,6,7}
# 从 s1 中删除和 s2 中相同的元素
>>> s=s1.difference(s2)
>>> print(s)
```

运行结果：{1, 2}

```
# 交集
>>> s1={1,2,3,4}
>>> s2={3,4,5,6,7}
>>> s=s1.intersection(s2)
>>> print(s)
```

运行结果：{3, 4}

```
# 并集
>>> s1={1,2,3,4}
>>> s2={3,4,5,6,7}
>>> s=s1.union(s2)
>>> print(s)
```

运行结果：{1, 2, 3, 4, 5, 6, 7}

2.7 条件语句和循环语句

2.7.1 条件语句

条件语句可以根据条件判断，决定执行或者不执行一个语句块。常用语句有 if 语句、if…else…语句。如果要检查多个条件，那么就可以使用 elif（else if 的缩写）。例如：

```
if a==b:
   do xx
elif a<b:
   do yy
else:
   do something
```

2.7.2 循环语句

当一段程序需要重复执行多次时，像其他编程语言一样，Python 也需要使用循环结构。常用的循环结构语句有 while、for 循环语句。在 C 语言中，使用 continue 语句跳过块中的其他语句继续下一次迭代，或者使用 break 语句跳出所有循环，在 Python 语言中可参照 C 语言循环语句用法，这里就不详细介绍了。

1）While 语句

加入要打印的 1000 个值，为了避免机械地罗列，可以进行如下操作。

```
>>> x=1
>>> while x<=1000:
        x+=1
>>> print(x)
```

2）for 语句

如果要为一个集合内每个元素执行循环，那么用 for 语句会更合适。

```
>>> numbers=[0,1,2,3,4,5,6,7,8,9]
>>> for number in numbers:
        print(number)
```

迭代（循环的另一种说法）某个范围内的数字在 Python 的应用中很常见，可以使用内建的函数 range(0,10)表示，代表的就是 0，1，2，3，4，5，6，7，8，9 这 10 个数字。下面的程序可以打印 1～1000 的数字。

```
>>> for number in range(0,1001):
        print(number)
```

这种形式在 Python 的应用中十分常见。

2.8 函数

函数是组织好的、可重复使用的、用来实现单一或相关联功能的代码段。函数能提高应用的模块性和代码的重复利用率，在程序编写中十分常见。

函数式将某功能代码封装到函数中，使用时无须重复编写，仅调用函数即可，函数式编程中最重要的是增强代码的重用性和可读性。

2.8.1 规则

定义函数规则：

（1）使用 def 语句。

（2）任何传入参数和自变量必须放在圆括号中，圆括号中可以定义参数。

（3）在缩进块中编写函数体。

（4）return[表达式]表示结束函数，并选择性地返回一个值。不带表达式的 return 相当于返回 None。

2.8.2 语法

定义函数语法：

```
def 函数名(参数):
    函数体
```

1）无参

```
>>> def test( ):
       print(1+1)
(回车)
>>> test( )
```

运行结果：2

2）有参

```
# 普通参数
>>> def test(a):
        print(a)
(回车)
>>> test("hello")
```

运行结果：Hello

```
# 默认参数
```

```
>>> def test(a=123):
        print(a)
(回车)
>>> test( )
```

运行结果：123

```
# 动态参数
>>> def test(*a):
        print(a,type(a))
(回车)
>>> test(1,2,3,4)
```

运行结果：(1, 2, 3, 4) <class 'tuple'>

2.8.3 lambda 函数

lambda 函数就是没有名字的函数，是一种映射关系，常见的几种示例如下。

```
lambda x,y:x+y            # 输入是 x,y,输出是 x+y
lambda :None              # 函数没有输入参数，输出是 None
lambda *args:sum(args)    # 输入是任意一个参数，输出是它们的和
lambda **kwargs:1         # 输入是任意键-值对参数，输出是 1
```

普通函数和 lambda 函数的区别如表 2-1 所示。

表 2-1　普通函数和 lambda 函数的区别

普通函数实现加法	lambda 函数实现加法

>>> def add(x,y):
        return(x+y)
(回车)
>>> result=add(1,2)
>>> print(result)
3
	>>> lambda1=lambda x, y:x+y
	>>> result=lambda1(1,2)
	>>> print(result)
	3

2.9 Python 面向对象的编程

面向对象的编程，如同 C++、Java 等语言，把事物抽象成对象的概念，分析有哪些对象，给对象赋予一些属性和方法，让对象去执行各自的方法，从而解决问题。相对于面向过程的编程，面向对象的编程大大改善了系统的可维护性。

2.9.1 对象

1. 类和对象

对象是通过类（class）来创建的，为了更直观地解释对象，可以用如下公式表示：

对象=属性+方法

式中，属性代表对象的静态特性（特征）；方法代表对象的动态特性（行为）。

但是属性和方法不能构成一个真正的对象，通过类创建的对象，可以称之为实例对象。

举一个例子：

```
class Beauty:
```

```
    身高:165
    体重:100
    皮肤:"透亮"
    眼睛:"大"
    头发:"直"
def 文笔 (self) :
    print("美女是个才女!")
def 举止 (self) :
    print("美女举止优雅!")
# 创建一个对象，也叫类的实例化:
lqx=Beauty( )
```

注意：类后面跟着圆括号，这跟函数调用一样，所以在 Python 中，类名约定首写字母大写，函数名首写字母小写，这样更容易区分。

如果要调用对象的方法，那么使用点操作符（.）即可。例如：

```
>>> lqx.文笔( )
```

运行结果：美女是个才女!

```
>>> lqx.举止( )
```

运行结果：美女举止优雅!

2. self、__init__( )和__new__( )

（1）self。self 相当于 C++中的 this 指针，也相当于人的身份证号，通过身份证就可以对应一个人。Python 中使用 self 也是同样的道理，一个类可以生出无数对象，当一个对象的方法被调用时，对象就将自身的引用作为第一个参数传递给调用的方法。

```
>>> class Ballgame( ):
        def teamName(self,name):
            self.name=name
        def kick(self):
            print("我们是%s, 友谊第一! " % self.name)
>>> a=Ballgame( )
>>> a.teamName("蓝黑队")
>>> a.kick( )
```

运行结果：我们是蓝黑队，友谊第一!

（2）__init__( )。__init__( )是一种 Python 的构造方法，使用__init__( )方法后，只需要实例化一个对象，这个方法就会在对象被创建时自动调用。举个例子：

```
>>> class Beauty:
        def __init__(self,name):
            self.name = name
        def 举止(self):
            print("我叫%s,我非常优雅! " %self.name)
>>> a=Beauty("青霞")
>>> a.举止( )
```

运行结果：我叫青霞，我非常优雅!

（3）__new__( )。除了__init__( )是实例化对象时调用的方法，另一个方法也很重要——__new__( )，它被视为一个对象实例化时调用的第一个方法，其第一个参数是类（cls）。

```
class Person(object):
    def __init__(self, name, age):
```

```
        self.name = name
        self.age = age
    def __new__(cls, name, age):
        if 0 < age < 100:
            return object.__new__(cls)
            # 等同于 return super(Person, cls).__new__(cls)
        else:
            return None
    def __str__(self):
        return '{0}({1})'.format(self.__class__.__name__, self.__dict__)
print(Person('Tom', 30))
print(Person('Mike', 100))
```

运行结果：

Person({'name': 'Tom', 'age': 30})

None

2.9.2 继承

如果要对某一个类进行细分，那么就要用到另一个重要的机制——继承。

继承的语法如下。

```
Class 类名（被继承的类）:
    代码块
```

被继承的类称为父类、基类或者超类；继承的类称为子类，子类可以继承父类的任何属性和方法。

```
class User:
    def __init__(self,first_name,last_name):
        self.first_name = first_name
        self.last_name = last_name
        self.login_times = 0
    def describe_user(self):
        print(self.first_name)
        print(self.last_name)
    def greet_user(self):
        print('Welcome to Windows 10')
    def increment_login_times(self):
        self.login_times+=1
    def reste_login_times(self):
        self.login_times= 0

class Admin(User):
    def __init__(self,first_name,last_name):
        super( ).__init__(first_name,last_name)
        self.privileges = ['can add post','can delete post','can ban user']
    def show_privilege(self):
        print(self.privileges)
```

在上面的程序中，User 是父类，Admin 是子类；其中，super( )函数的作用是帮助子类自动找到父类，并且传入 self 参数。

2.9.3 组合

如果要定义一个班级人数的程序，那么男生、女生需要分开定义，这个时候就使用组合机制来进行处理。

```
>>> class Girl:
        def __init__(self,x):
            self.num=x
>>> class Boy:
        def __init__(self,x):
            self.num=x
>>> class Class:
        def __init__(self,x,y):
            self.girl=Girl(x)
            self.boy=Boy(x)
        def print_num(self):
            print("班级里有%s 名女生，%s 名男生"%(self.girl.num,self.boy.num))
>>> cclass=Class(25,30)
>>> cclass.print_num( )
```

运行结果：班级里有 25 名女生，25 名男生。

在上面的程序中，直接把需要的类放进去进行实例化，简单快捷，这就是组合。

2.10 可视化

在深度学习中，图形的绘制和数据的可视化非常重要，可以通过 Python 中的 Matplotlib 库实现实验结果的可视化。

2.10.1 绘制图形

一般使用 Matplotlib 中的 Pyplot 模块进行图形的绘制。图 2-8 所示为余弦函数图形。

```
#源程序 2-1
import numpy as np
import matplotlib.pyplot as plt

x=np.arange(0,10,0.1)
y=np.cos(x)
plt.plot(x,y)
plt.show( )
```

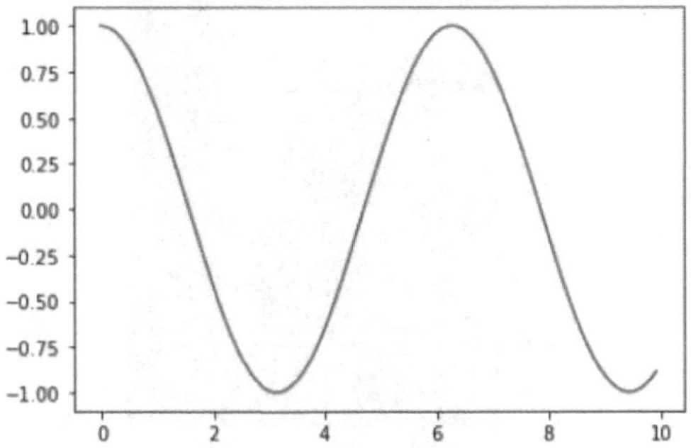

图 2-8　余弦函数图形

如果需要绘制多个图形（见图 2-9），那么程序如下。

```
import numpy as np
import matplotlib.pyplot as plt

x=np.arange(0,10,0.1)
y1=np.cos(x)
y2=np.sin(x)

plt.plot(x,y1,label="cos")
plt.plot(x,y2,linestyle="—",label="sin")
plt.xlabel("x")
plt.xlabel("y")
plt.title('sin&cos')
plt.legend( )
plt.show( )
```

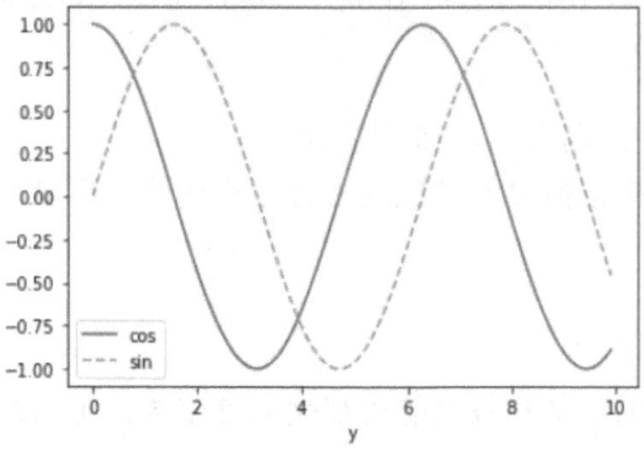

图 2-9　同时绘制的余弦函数和正弦函数图形

2.10.2　显示图像

使用 Matplotlib 库中的 Imread 模块进行图像显示（见图 2-10），程序如下。

```
# 源程序 2-2
import matplotlib.pyplot as plt
from matplotlib.image import imread
img=imread('cat_1300_1500.jpg')

plt.imshow(img)
plt.show( )
```

图 2-10　绘制的图像

注意：这里假设图像在当面目录（和程序放在同一个目录下），也可以根据图像的位置变更路径。例如，将图像的路径进行修改：'../dataset/cat_1300_1500.jpg'。

2.11 Python 案例

1．计算最小二乘法

```
# 源程序 2-3
import numpy as np
from scipy.optimize import leastsq
import matplotlib.pyplot as plt

# 样本数据
xi=np.array([6.19,2.51,7.29,7.01,5.7,2.66,3.98,2.5,9.1,4.2])
yi=np.array([5.25,2.83,6.41,6.71,5.1,4.23,5.05,1.98,10.5,6.3])

# 需要拟合的函数：要制定拟合函数的格式
def func(p,x):
    k,b=p
    return k*x+b

# 误差函数
def error(p,x,y):
    return func(p,x)-y

# p 的初始值
p0=[1,20]
para=leastsq(error,p0,args=(xi,yi))

# 读取结果
k,b=para[0]
print(para)
print("k=",k,"b=",b)
print("cost:"+str(para[1]))
print("求解的拟合直线是:")
print("y="+str(round(k,2))+"x+"+str(round(b,2)))

# 可视化
plt.figure(figsize=(5,5))
plt.scatter(xi,yi,color="green",label="Sample data",linewidth=2)
x=np.linspace(0,12,100)
y=k*x+b
plt.plot(x,y,color="green",label="fitting straight",linewidth=2)
plt.show( )
```

运行结果如下。

(array([0.90045842, 0.83105564]), 1)

k= 0.9004584204388926 b= 0.831055638876812

cost:1

求解的拟合直线是：y=0.9x+0.83

绘制的拟合直线如图 2-11 所示。

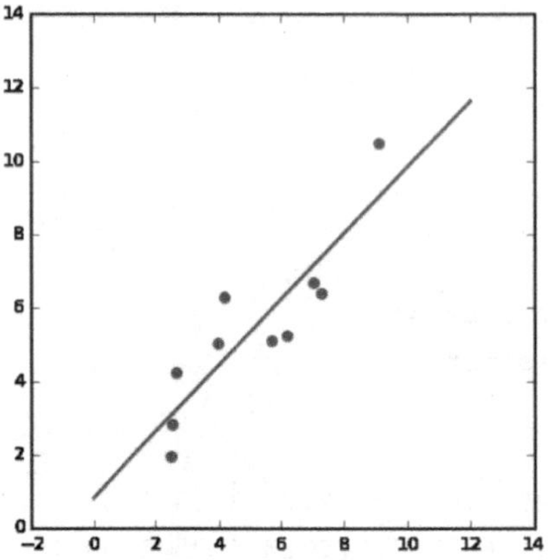

图 2-11　绘制的拟合直线

2．fizzbuzz 游戏

```
# 源程序 2-4
import numpy as np
from sklearn import linear_model as lm

# 特征工程，构建特征方法
def feature_engineer(i):
    return np.array([i % 3, i % 5, i % 15])
# 预测的指标:number, fizz, buzz, fizzbuzz
def construct_sample_label(i):
    if i % 15 == 0:
        return np.array(['fizzbuzz'])
    elif i % 5 == 0:
        return np.array(['buzz'])
    elif i % 3 == 0:
        return np.array(['fizz'])
    else:
        return np.array(['Number'])

# 准备训练集 x_train,它是在[101,200]区间的数据,y_train 是[101,200]区间数据的标签
x_train = np.array([feature_engineer(i) for i in range(101, 201)])
y_train = np.array([construct_sample_label(i) for i in range(101, 201)])

# 根据训练集训练出 Logistic 识别模型
logistic = lm.LogisticRegression( )
logistic.fit(x_train, y_train)

# 准备测试集,数据区间为[1,100]，测试模拟的识别率
x_test = np.array([feature_engineer(i) for i in range(1, 101)])
y_test = np.array([construct_sample_label(i) for i in range(1, 101)])

# 代表模型精准程度
```

```
score = logistic.score(x_test, y_test)
print("LogisticRegression Score:%f" % score)  # LogisticRegression Score:1.000000

# 实际用 300 以上的数据做预测，可以预测的结果如下面的备注
print(logistic.predict(np.expand_dims(feature_engineer(303),0)))
print(logistic.predict(np.expand_dims(feature_engineer(300),0)))
print(logistic.predict(np.expand_dims(feature_engineer(211),0)))
```

运行结果如下。

LogisticRegression Score:1.000000

['fizz']

['fizzbuzz']

['Number']

课后习题

一、选择题

1．导入库选择关键字是（　　）。

A．import　　B．while　　C．in　　D．def

2．5%3 的计算结果是（　　）。

A．0　　B．1　　C．2　　D．3

3．8**2 的计算结果是（　　）。

A．4　　B．$2\sqrt{2}$　　C．8　　D．64

4．运行命令 int(input("000"))后，返回值是（　　）。

A．0　　B．"0"　　C．000　　D．"000"

5．运行命令 int(input(000))后，返回值是（　　）。

A．0　　B．"0"　　C．000　　D．"000"

6．for 语句解决的核心问题是（　　）。

A．顺序　　B．条件　　C．循环　　D．判断

7．if 语句解决的核心问题是（　　）。

A．顺序　　B．条件　　C．循环　　D．迭代

8．下列代码的运行结果为（　　）。

```
a={"小张":"80","小李":"90","小王":"96"}
print(a["小张"],a.get("小王","90"))
```

A．80 80　　B．80 90　　C．80 96　　D．90 96

9．下面的代码的运行结果为（　　）。

```
print(sorted(a,reverse = True))
```

A．[3,4,5,7]　　B．[3,5,7,4]　　C．[7,5,4,3]　　D．[4,5,3,7]

10．random.randint(a,b)的作用是（　　）。

A．生成一个 a 和 b 之间的随机数

B．生成一个 a 和 b 之间（不包括 a，b）的随机数

C．生成一个 a 和 b 之间的随机小数

D．生成一个 a 和 b 之间的随机整数

11．下列代码的运行结果为（　　）。

```
list=[1,1,2,3,4,5,6,6]
a=set(list)
print(a)
```

A．{1,2,3,4,5,6}　　B．{1,1,2,3,4,5,6,6}

C．{2,3,4,5}　　D．{6,5,4,3,2,1}

12．在 Python 表达式中可以使用（　　）控制运算符的优先级。

A．( )　　B．[ ]　　C．{ }　　D．<>

二、操作题

1．求 1 到 5 的阶乘结果。

2．已知圆的半径，取圆周率为 3.14，求圆的面积和周长。

3．用 random 生成 10 个两位数，先将其中的奇数和偶数分别存入两个列表，然后将列表按照降序排列并统计每个列表包含的元素个数。

4．求 1～100 之间所有整数的和。

项目 3

机器学习基础

教学导航

知识目标	1．熟悉最小二乘法的原理 2．掌握常见的几种激活函数 3．了解常用损失函数的表达形式 4．掌握梯度下降算法的用法 5．了解前向传播算法和反向传播算法的原理 6．了解学习率的作用 7．了解正则化的作用 8．掌握欧氏距离和余弦相似度的公式
职业技能目标	1．能够读懂最小二乘法代码 2．能够读懂常见激活函数的代码表达 3．能够读懂余弦相似度公式的代码表达
知识重点	1．最小二乘法的数学表达和使用 2．激活函数的种类 3．梯度下降算法的作用 4．距离的含义及其应用
知识难点	反向传播算法的原理及其推导
推荐学习方法	利用思维导图梳理各个知识点之间的关系，针对关键的知识点要结合代码进行学习，多多练习

知识导图

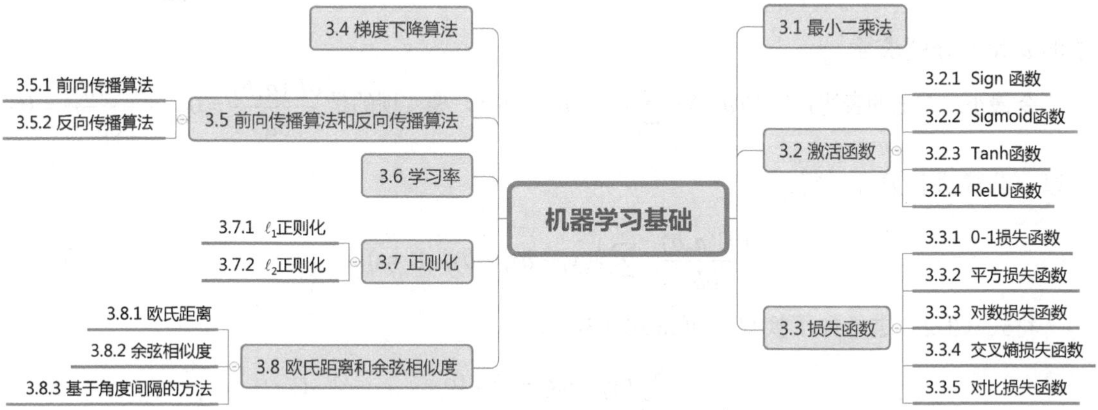

3.1 最小二乘法

最小二乘法（Least Square Method），又称最小平方法，是一种数学优化方法。它使用最小化误差的平方和寻找数据的最佳匹配函数。利用最小二乘法可以简便地求得未知的数据，并使得这些求得的数据与实际数据之间的误差平方和为最小，可以达到拟合真实分布的效果，如图 3-1 所示。这里的误差指的是观测值与模型提供的拟合值之间的差距。

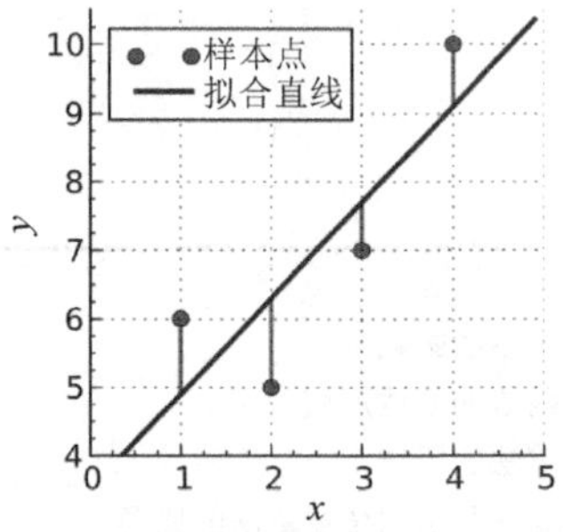

图 3-1 数据分布的拟合直线示例

图 3-1 所示为数据分布的拟合直线示例，圆点为样本点，直线为拟合直线。设有 n 个样本点，按照图 3-1，假设最佳拟合分布的直线方程为：

$$y = ax + b \tag{3-1}$$

那么，对于每一个样本点 x_i，预测值为 $s_i = ax_i + b$，假设真实值为 y_i。根据最小二乘法的计算方法，如果通过最小化误差的平方和来寻找数据的最佳匹配函数，那么样本点 x_i 处的真实值与预测值之间的误差表达式为 $y_i - s_i$，根据最小二乘法的定义，如果每一个样本点的误差平方表达式为 $(y-s)^2$，那么所有样本的误差平方和表达式为 $\sum_{i=1}^{n}(y_i - s_i)^2$。

根据以上最小二乘法的误差函数表达式 $\sum_{i=1}^{n}(y_i - s_i)^2$，将 $s_i = ax_i + b$ 代入，可得 $\sum_{i=1}^{n}(y_i - ax_i - b)^2$，要找到合适的参数 a 和 b 的目标，使得该函数的值尽可能小，这就是最优化理论中求极值的方法。要使得全局最优，就需要取损失函数为最小值时的参数 a，b，也就需要对函数 $\sum_{i=1}^{n}(y_i - ax_i - b)^2$ 中的 a 和 b 分别求导。

令最小二乘法的表达式为 $F(a,b) = \sum_{i=1}^{n}(y_i - ax_i - b)^2$，要实现的是 $\frac{\partial F(a,b)}{\partial a} = 0$，$\frac{\partial F(a,b)}{\partial b} = 0$，将以上公式进行展开，得：

$$\frac{\partial F(a,b)}{\partial b} = \sum_{i=1}^{n} 2(y_i - ax_i - b)(-1) = 0 \tag{3-2}$$

将式（3-2）进行如下换算，可得式（3-3）。

$$\sum_{i=1}^{n}(y_i - ax_i - b) = 0$$

$$\sum_{i=1}^{n}(y_i - ax_i - b) = \sum_{i=1}^{n} y_i - a\sum_{i=1}^{n} x_i - \sum_{i=1}^{n} b = 0$$

$$\sum_{i=1}^{n} y_i - a\sum_{i=1}^{n} x_i - nb = 0$$

$$nb = \sum_{i=1}^{n} y_i - a\sum_{i=1}^{n} x_i \tag{3-3}$$

可以将式（3-3）简化成：

$$b = \overline{y} - a\overline{x} \tag{3-4}$$

同理，

$$\frac{\partial F(a,b)}{\partial a} = \sum_{i=1}^{n} 2(y_i - ax_i - b)(-x_i) = 0 \tag{3-5}$$

将式（3-5）进行换算，可得：

$$\sum_{i=1}^{n} (y_i - ax_i - b)x_i = 0 \tag{3-6}$$

将 $b = \overline{y} - a\overline{x}$ 代入式 $\sum_{i=1}^{n} (y_i - ax_i - b)x_i = 0$ 中，经过推导可得（具体推导过程略）：

$$a = \frac{\sum_{i=1}^{n} (x_i y_i - x_i \overline{y})}{\sum_{i=1}^{n} [(x_i)^2 - \overline{x} x_i]} \tag{3-7}$$

由 $b = \overline{y} - a\overline{x}$，可得 b 的值。

为了加深对最小二乘法在机器学习中应用的理解，可以用代码来展示一下如何利用最小二乘法实现数据的拟合（见源程序 3-1）。

```
# 源程序 3-1:最小二乘法拟合数据案例
# 导入各个数据库
import numpy as np
import matplotlib.pyplot as plt
from scipy.optimize import leastsq

# 样本数据 (xi,yi)
xi=np.array([6.1,2.5,7.2,7.0,5.7,2.7,4.0,2.5,9.3,4.2])
yi=np.array([5.2,2.8,6.4,6.7,5.2,4.3,5.1,2.0,10.0,6.5])

# 需要拟合的函数 func，指定函数的形状
def func(p,x):
    k,b=p
    return k*x+b
# 偏差函数，x、y 都是列表，这里的 x、y 对应 xi、yi
def error(p,x,y):
    return func(p,x)-y

# 设定 k、b 的初值，可任意设置，但是 p0 的值会影响 cost 的值 Para[1]
p0=[1,20]

# 把 error 函数中除 p0 以外的参数都打包到 args 中
Para=leastsq(error,p0,args=(xi,yi))
```

```
# 读取结果
k,b=Para[0]
print(Para)
print("k=",k,"b=",b)
print("cost"+str(Para[1]))
print("求解的拟合直线为:")
print("y="+str(round(k,2))+"x+"+str(round(b,2)))

# 绘制样本点
plt.figure(figsize=(8,6))
plt.scatter(xi,yi,color="green",label="样本点",linewidth=2)

# 绘制样本点
x=np.linspace(0,12,100)
y=k*x+b
plt.plot(x,y,color="red",label="拟合的直线",linewidth=2)
plt.legend(loc='lower right')
plt.show( )
```

运行结果如下。

(array([0.85160195, 1.05979799]), 2)

k= 0.8516019542610586 b= 1.05979799418338

cost2

求解的拟合直线为:

y=0.85x+1.06

运行得出的拟合结果图如图 3-2 所示。

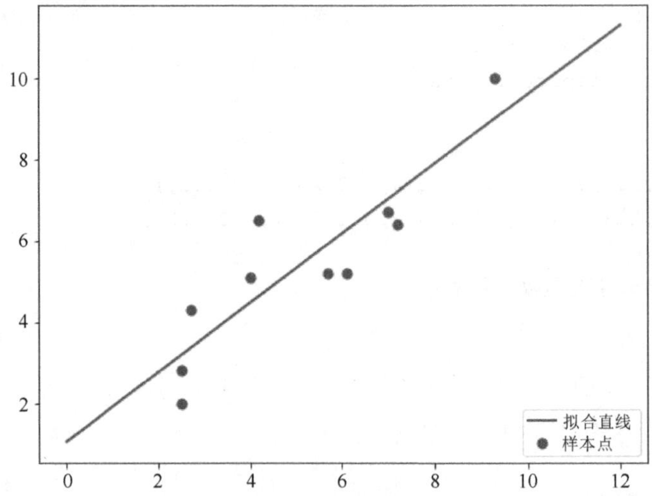

图 3-2　运行得出的拟合结果图

3.2　激活函数

简单来讲，激活函数是人工智能技术中进行非线性转换的一种手段。有很多激活函数可以改变神经元的输出，这里介绍几种常见的激活函数。

3.2.1 Sign 函数

Sign 函数（见图 3-3）一般用 Sign(x)表示，它能够把函数的符号析离出来。在数学和计算机运算中，其功能是取某个数的符号为正或负。

当 $x>0$ 时，Sign(x) = 1。

当 $x=0$ 时，Sign(x) = 0。

当 $x<0$ 时，Sign(x) = −1。

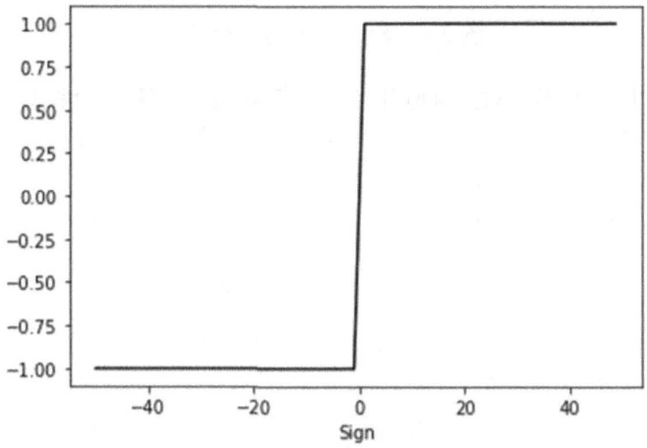

图 3-3　Sign 函数形状图

Sign 函数的实现代码如下。

```
# 源程序 3-2： Sign 函数
import numpy as np
import matplotlib.pyplot as plt

# 设置输入
z=np.linspace(-6,6,1000)
y=np.sign(z)

# 绘制图形
plt.xlim((-6,6))
plt.yticks([0,0.5,1.0],[0,0.5,1.0])
plt.plot(z,y)
plt.xlabel("Sign",fontsize=15)
plt.show( )
```

3.2.2 Sigmoid 函数

Sigmoid 函数（见图 3-4）是一个只能返回 0～1 之间的值的 S 形的函数，通常表示为 $\sigma(z)$。

$$f(z)=\sigma(z)=\frac{1}{1+\mathrm{e}^{-z}} \tag{3-8}$$

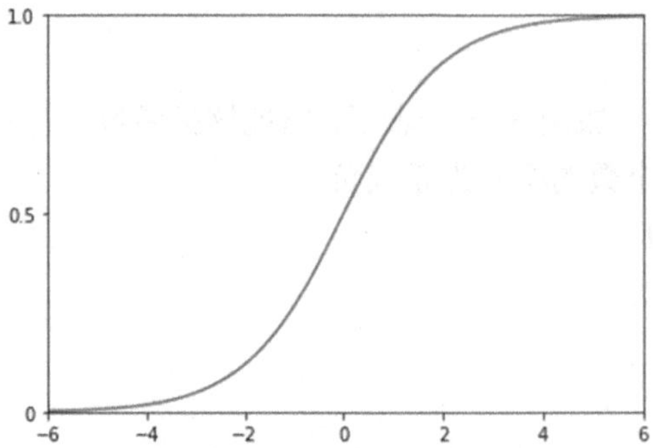

图 3-4　Sigmoid 函数形状图

Sigmoid 函数适用于预测概率作为输出结果的模型，它的实现代码如下。

```
# 源程序 3-3：Sigmoid 函数
import numpy as np
import matplotlib.pyplot as plt

# 设置输入
z=np.linspace(-6,6,1000)
y=[1/(1+np.exp(-i)) for i in z]

# 绘制图形
plt.xlim((-6,6))
plt.ylim((0,1.0))
plt.yticks([0,0.5,1.0],[0,0.5,1.0])
plt.plot(z,y)
plt.xlabel("Sigmoid",fontsize=15)
plt.show( )
```

我们可以把程序写成易读的 Sigmoid 函数的形式，程序如下。

```
def sigmoid(z):
  s=1.0/(1.0+np.exp(-z))
return s
```

小提示：虽然 $\sigma(z)$ 永远不应该达到 0 或者 1，但是在 Python 编程时，实际结果可能完全不同，因为当 z 达到 $-\infty$ 或者 $+\infty$ 时，Python 可能会将结果四舍五入到 0 或者 1。

3.2.3　Tanh 函数

Tanh（双曲正切）函数也是一个只能返回 0～1 之间的值的 S 形的函数，其表达式为：

$$f(z)=\frac{e^{x}-e^{-x}}{e^{x}+e^{-x}} \tag{3-9}$$

Tanh 函数形状图如图 3-5 所示。

Tanh 函数的实现代码如下。

```
# 源程序 3-4：tanh 函数
import numpy as np
import matplotlib.pyplot as plt

# 定义函数
def tanh(z):
```

```
    return (np.exp(z) - np.exp(-z)) / (np.exp(z) + np.exp(-z))

# 输入输出表达式,z 表示输入量
z = np.arange(-10, 10, 0.1)
tanh_output = tanh(z)

# 绘制图形
plt.plot(z, tanh_output)
plt.xlabel("tanh",fontsize=15)
plt.ylabel("Tanh Output")
plt.show( )
```

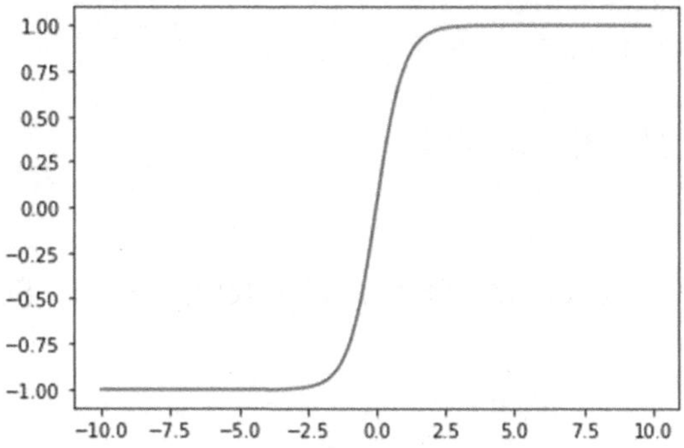

图 3-5　Tanh 函数形状图

可以把程序写成易读的 Tanh 函数的形式，程序如下。

```
def tanh(z):
  return np.tanh(z)
```

3.2.4　ReLU 函数

ReLU（整流线性单元）函数的表达式为：

$$f(z)=\max(0,z) \tag{3-10}$$

ReLU 函数形状图如图 3-6 所示。

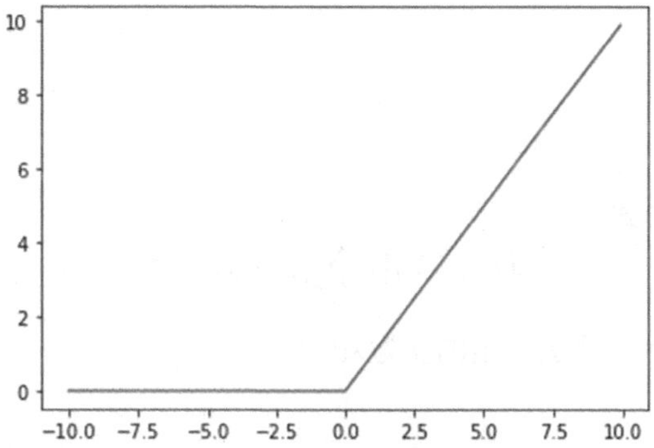

图 3-6　ReLU 函数形状图

ReLU 函数的实现代码如下。

```
# 源程序 3-5: ReLU 函数
import numpy as np
import matplotlib.pyplot as plt
```

```
# 定义函数
def relu(z):
    return np.maxinum(0, z)

# 定义输入输出量，这里的 z 是输入量
z = np.arange(-10, 10, 0.1)
relu_output = relu(z)

# 绘制图形
plt.plot(z, relu_output)
plt.xlabel("ReLU",fontsize=15)
plt.ylabel("ReLU Output")
plt.show( )
```

下面是 ReLU 函数的另一种实现代码。

```
def relu( ):
    return np.maxnum( z,0)
```

以上 4 种是常见的激活函数，此外还有 Leaky ReLU、ELU、Softplus 等，这里就不一一介绍了。

3.3 损失函数

损失函数用来评价模型的预测值和真实值不一样的程度。通常，损失函数的值越小，模型的性能越好。不同的模型用的损失函数一般也不一样。

这里介绍几种常见的损失函数。

3.3.1 0-1 损失函数

$$L[Y,f(X)]=\begin{cases}1, & Y\neq f(X)\\0, & Y=f(X)\end{cases} \tag{3-11}$$

对于 0-1 损失函数，当预测值 $f(X)$ 和目标值（标签值）Y 不相等时，函数值为 1，否则为 0。

3.3.2 平方损失函数

平方损失函数标准形式为：

$$L[Y,f(X)]=\sum_{N}[Y-f(X)]^2 \tag{3-12}$$

平方损失函数与最小二乘法中用的函数相似。

3.3.3 对数损失函数

$$L[Y,P(Y|X)]=-\log P(Y|X) \tag{3-13}$$

对数损失函数能非常好地表征概率分布，在很多场景，尤其是多分类场景中，如果需要知道结果属于每个类别的置信度，那么它非常适合。后面学习到的逻辑回归的损失函数就是对数损失函数。

3.3.4 交叉熵损失函数

$$L[y,f(x)]=-\frac{1}{N}\sum_{x}\{y\ln f(x)+(1-y)\ln[1-f(x)]\} \tag{3-14}$$

式中，x 表示样本；y 表示标签；$f(x)$ 表示预测的输出；N 表示样本总数量。

交叉熵损失函数可用于二分类任务中，当使用 Sigmoid 作为激活函数时，常用交叉熵损失函数。

3.3.5 对比损失函数

对比损失（Contrastive Loss）函数最初被使用在孪生网络中，是用来鼓励类间距离要足够大和类内距离要足够小的一种损失函数。

$$L(x_1,x_2)=y(x_1,x_2)d^2(x_1,x_2)+[1-y(x_1,x_2)]\max[\text{margin}-d(x_1,x_2),0]^2 \tag{3-15}$$

式中，d 表示距离函数；x_1,x_2 表示样本对；y 表示类别判断函数。若 x_1 和 x_2 来自一个类别，则 $y(x_1,x_2)=1$，否则为 0。

损失函数有很多种形式，要根据具体任务进行设计，没有一个标准或者通用的损失函数能适用所有的任务。

3.4 梯度下降算法

梯度下降算法又称最速下降法，是求解无约束最优化问题的一种最常见的算法。梯度下降算法是一种迭代算法，具有实现起来较简单的优点。

假设 $f(x)$ 是解空间 R^n 上具有一阶连续偏导数的函数，如果要实现的最优化问题的目标函数可以表述成以下形式：

$$\min_{x\in R^n} f(x)$$

那么可以通过不断迭代更新 x 的值，来找到目标函数的最小值（不要忘记 x 值的初始化，这对后续工作的影响是非常大的），因为负梯度方向是使函数值下降最快的方向，所以在负梯度方向更新 x 的值。当 $x=x^*$ 时，可达到找到目标函数最小值的目的，此时 $f(x^*)=0$。梯度下降含义示意图如图 3-7 所示。

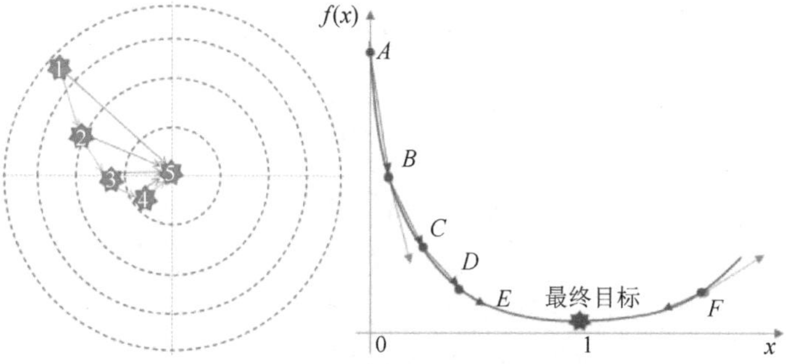

图 3-7 梯度下降含义示意图（凸函数）

当目标函数是凸函数时，梯度下降算法的解是全局最优解。一般情况下，其解不保证是全局最优解（见图 3-8）。

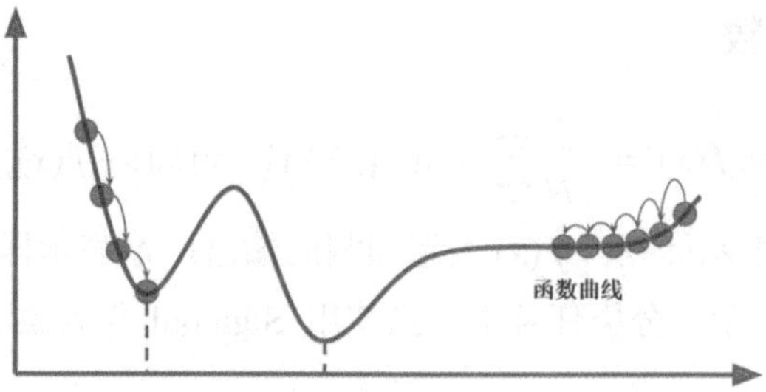

图 3-8　非凸函数中的梯度下降示意图

3.5　前向传播算法和反向传播算法

3.5.1　前向传播算法

每个神经元由两部分组成，第一部分（z）是输入值和权重系数乘积的和，第二部分[$f(z)$]是某个神经元的输出量。神经元传输信息原理如图 3-9 所示。

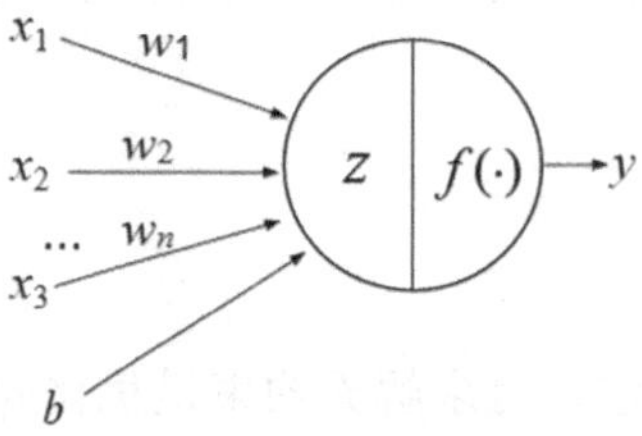

图 3-9　神经元传输信息原理

该模型用一组 n 个输入 $\boldsymbol{x}=(x_1,x_2,\cdots,x_n)$，并将它们与一个输出 y 相关联，希望学习一组权重 $\boldsymbol{w}=(w_1,w_2,\cdots,w_n)$，并计算它们的输出 $y=f(z)=f(w_1x_1+w_2x_2+\cdots+w_nx_n+b)$。其中，$f(\cdot)$ 函数为神经元激活函数，b 为偏置项。

以上是简化的神经网络神经元的计算方式，下面以两个隐藏层神经网络模型（4 个输入节点，n 个隐藏层节点，1 个输出节点）为例（见图 3-10），解释前向传播算法和反向传播算法的具体含义。

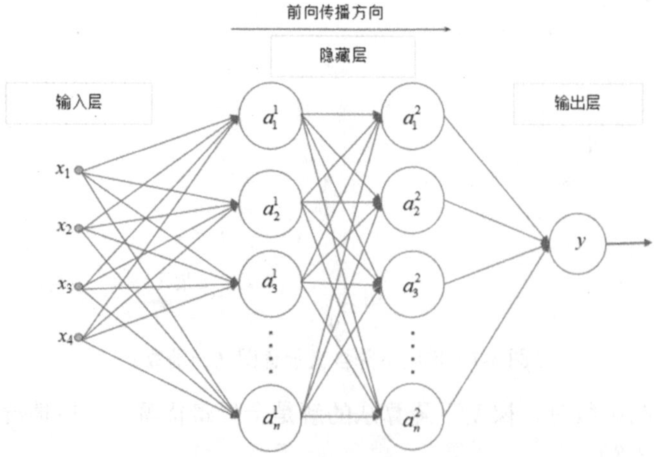

图 3-10　三层神经元的前向传播算法

第一个隐藏层，有以下关系：

$$a_1^1 = f(z_1^1) = f(w_{11}^1 x_1 + w_{12}^1 x_2 + w_{13}^1 x_3 + w_{14}^1 x_4 + b_1^1)$$
$$a_2^1 = f(z_2^1) = f(w_{21}^1 x_1 + w_{22}^1 x_2 + w_{23}^1 x_3 + w_{24}^1 x_4 + b_2^1)$$
$$a_3^1 = f(z_3^1) = f(w_{31}^1 x_1 + w_{32}^1 x_2 + w_{33}^1 x_3 + w_{34}^1 x_4 + b_3^1)$$
$$\vdots$$
$$a_n^1 = f(z_n^1) = f(w_{n1}^1 x_1 + w_{n2}^1 x_2 + w_{n3}^1 x_3 + w_{n4}^1 x_4 + b_n^1) \tag{3-16}$$

第二个隐藏层，有以下关系：

$$a_1^2 = f(z_1^2) = f(w_{11}^2 a_1^1 + w_{12}^2 a_2^1 + w_{13}^2 a_3^1 + \cdots + w_{1n}^2 a_n^1 + b_1^2)$$
$$a_2^2 = f(z_2^2) = f(w_{21}^2 a_1^1 + w_{22}^2 a_2^1 + w_{23}^2 a_3^1 + \cdots + w_{2n}^2 a_n^1 + b_2^2)$$
$$a_3^2 = f(z_3^2) = f(w_{31}^2 a_1^1 + w_{32}^2 a_2^1 + w_{33}^2 a_3^1 + \cdots + w_{3n}^2 a_n^1 + b_3^2)$$
$$\vdots$$
$$a_n^2 = f(z_n^2) = f(w_{n1}^2 a_1^1 + w_{n2}^2 a_2^1 + w_{n3}^2 a_3^1 + \cdots + w_{nn}^2 a_n^1 + b_{\text{n}}^2) \tag{3-17}$$

式（3-16）和式（3-17）中，$\boldsymbol{a} = (a_1, a_2, ..., a_n)$，$\boldsymbol{w} = (w_{11}, w_{12}, ..., w_{1n})$，$\boldsymbol{b} = (b_1, b_2, ..., b_n)$，需要特别说明的是在式（3-16）和式（3-17）中参数上标的含义，它代表层数，如 $\boldsymbol{w}_2^1$、$\boldsymbol{a}_2^1$、$\boldsymbol{b}_2^1$ 都代表第一层的第 2 个节点的参数。

最后的输出层（第三层）的表达式为：

$$y = f(z_1^3) = f(w_{11}^3 a_1^2 + w_{12}^3 a_2^2 + w_{13}^3 a_3^2 + \cdots + w_{1n}^3 a_n^2 + b_1^3) \tag{3-18}$$

也可以把最后一层的输出表示为：

$$\boldsymbol{a}^l = y = f(\boldsymbol{w}^l \boldsymbol{a}^{l-1} + \boldsymbol{b}^l) \tag{3-19}$$

这就是神经网络的前向传播算法，其中，

输入：总层数是 L，l 表示当前层数，所有隐藏层和输出层对应的权重矩阵是 $\boldsymbol{w}$，偏置项是 $\boldsymbol{b}$，输入值向量是 $\boldsymbol{x}$。

输出：输出层的输出是 y。

（1）初始化参数 $\boldsymbol{w}^1$ 和 $\boldsymbol{b}^1$：

$$\boldsymbol{a}^1 = f(\boldsymbol{w}^1 \boldsymbol{x} + \boldsymbol{b}^1) \tag{3-20}$$

（2）逐层进行传播，For $l = 2$ to $L-1$，计算得：

$$\boldsymbol{a}^l = f(\boldsymbol{w}^l \boldsymbol{a}^{l-1} + \boldsymbol{b}^l) \tag{3-21}$$

（3）计算最后结果：

$$y = f(\boldsymbol{w}^L \boldsymbol{a}^{L-1} + \boldsymbol{b}^L) \tag{3-22}$$

3.5.2 反向传播算法

反向传播是训练阶段不可或缺的环节。利用前向传播算法，神经网络前向传播已经完成，最后输出的 y 就是本次前向传播神经网络计算出来的结果（预测结果），但是这个预测结果不一定正确，需要和真实的标签进行比较，计算两者的误差。为达到自动调整误差的目的，需要进行反向传播（见图 3-11），以充分发挥神经网络的自我学习能力，从而使得 $\boldsymbol{w}$、$\boldsymbol{b}$ 的参数自动更新，以达到误差为零的效果。

为了实现数学运算的简便性，对输出真实值和预测值之间的误差使用最小二乘法（损失函数）进行运算：

$$E=\sum_{i=1}^{m}\frac{1}{2}(y-g)^2 \tag{3-23}$$

式中，m 代表输出节点的个数。如图 3-11 所示，输出节点只有 1 个 ，即 $m=1$，输出真实值和预测值之间的误差就用 e 来表示。

反向传播算法需要借助数学上的偏导数的计算和链式法则的应用，下面简单说明一下反向传播算法的运算过程。

运算的目的是更新各个权重 $\boldsymbol{w}_i$ 和偏置项 $\boldsymbol{b}_i$，对目标损失函数求取偏导数，即：

$$\frac{\partial E}{\partial \boldsymbol{w}_i}=0，\quad \frac{\partial E}{\partial \boldsymbol{b}_i}=0 \tag{3-24}$$

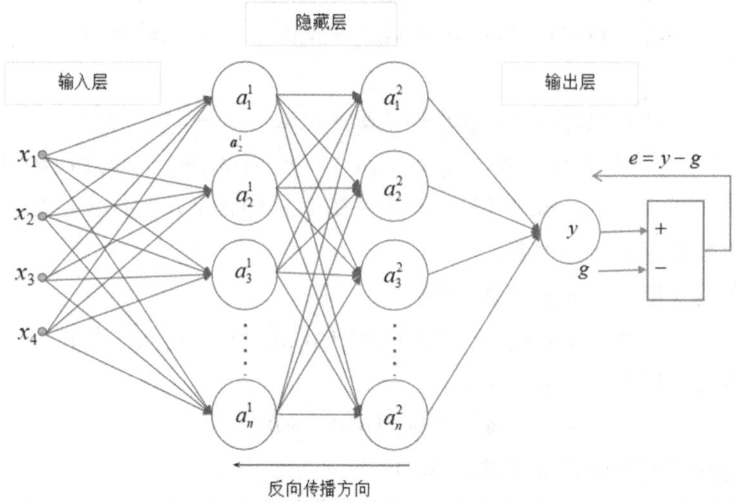

图 3-11　多层神经元的误差反向传播

由于运算参数的复杂性，因此需要借助链式法则进行求导，用其中一条分支进行运算说明，即：

$$\frac{\partial e}{\partial w_{11}^1}=\frac{\partial e}{\partial y}\cdot\frac{\partial y}{\partial a_1^2}\cdot\frac{\partial a_1^2}{\partial a_1^1}\cdot\frac{\partial a_1^1}{\partial w_{11}^1} \tag{3-25}$$

经过多次迭代求解就可以求得最优的 w_{11}^1 值，其他分支运算过程与此相同。如果把需要更新的数据看成 θ_i，那么这些参数经过梯度下降后更新的公式为：

$$\theta_i=\theta_i-\eta\frac{\Delta E(\theta)}{\Delta\theta_i} \tag{3-26}$$

经过以上过程，就完成了反向传播的参数更新。

3.6　学习率

在反向传播算法中，公式 $\theta_i=\theta_i-\eta\dfrac{\Delta E(\theta)}{\Delta\theta_i}$ 中有个超参数 η，代表学习率，学习率究竟对参数的更新起到什么作用呢？为了直观了解，用图 3-12 来进行说明。图 3-12 所示为学习率对网络收敛性的影响示意图。

注意：这里的学习率 η 不是神经网络模型学出来的，而是操作者自行设定的值，这一点需要特别说明。

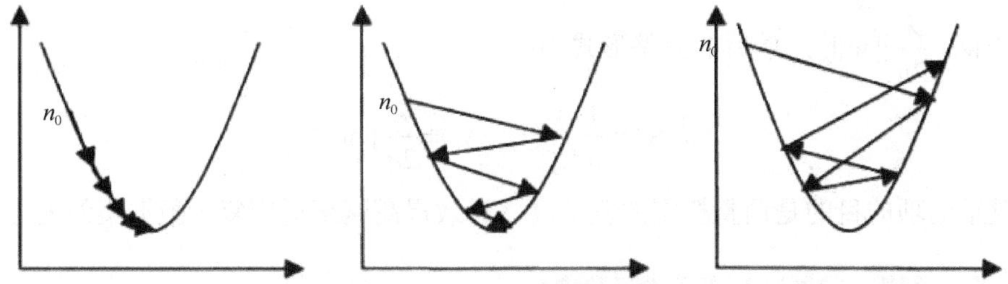

（a）当η很小时，可以保证系统收敛　（b）当η较大时，系统将振荡收敛　（c）当η过大时，系统无法收敛

图 3-12　学习率对网络收敛性的影响示意图

3.7　正则化

在训练深度学习网络时，会经常用到一项非常重要的技术——正则化。它可以减少过拟合的问题，以便获得较好的模型，提升模型的泛化能力。

网络的过拟合问题往往是由训练网络的复杂性导致的，它使得训练集上的训练效果很好，但是测试集上的效果不尽如人意。

在正式讨论正则化之前，先引入 ℓ_p 范数，它是常用的正则项。也就是说，正则项通常是模型参数向量的范数，常见的有 ℓ_1 范数和 ℓ_2 范数。

ℓ_0 范数描述向量中非 0 元素的个数，可实现模型参数向量的稀疏。下面将介绍两种常用的正则化方法：ℓ_1 正则化和 ℓ_2 正则化。

一般使用形式是在目标函数的后面增加正则项，假设目标函数为：

$$J(w)=\frac{1}{n}\sum_{i=1}^{n}(y_i-\hat{y}_i) \tag{3-27}$$

增加正则项后的形式则为：

$$\hat{J}(w)=J(w)+\lambda\Omega(f)=\frac{1}{n}\sum_{i=1}^{n}(y_i-\hat{y}_i)+\lambda\Omega(f) \tag{3-28}$$

式中，$J(w)$ 表示损失函数；n 表示训练样本的个数；$\lambda\Omega(f)$ 为正则项，表示模型的复杂程度，正则项越大，模型的复杂程度就越高；λ 表示用于权衡正则项影响的系数，是模型需要学习的参数。

3.7.1　ℓ_1 正则化

ℓ_1 范数描述向量中各个元素的绝对值之和，可实现模型参数的稀疏。ℓ_1 正则化的工作原理是向损失函数中添加附加项 $\tilde{J}(w)=J(w)+\frac{\lambda}{n}\|w\|_1$，最后的完整形式为：

$$\tilde{J}(w)=\frac{1}{n}\sum_{i=1}^{n}(y_i-\hat{y}_i)+\frac{\lambda}{n}\|w\|_1 \tag{3-29}$$

3.7.2　ℓ_2 正则化

ℓ_2 范数描述向量中各个元素的平方之和，不能实现模型参数的稀疏。ℓ_2 正则化和 ℓ_1 正则化的工作原理是一样的，都是向损失函数中添加附加项，不过 ℓ_2 正则化添加的附加项为

$\tilde{J}(w)=J(w)+\frac{\lambda}{2n}\|w\|_2^2$，最后的完整形式为：

$$\tilde{J}(w)=\frac{1}{n}\sum_{i=1}^{n}(y_i-\hat{y}_i)+\frac{\lambda}{2n}\|w\|_2^2 \tag{3-30}$$

设置正则项的目的是调整模型的复杂度，有效提高网络适应复杂数据集的能力。

3.8 欧氏距离和余弦相似度

3.8.1 欧氏距离

欧氏距离是最常见的一种距离计算公式，源自欧氏空间中两点间的距离公式。

在二维平面上两点 $a\ (x_1,y_1)$ 和 $b(x_2,y_2)$ 间的欧氏距离为：

$$d=\sqrt{(x_1-x_2)^2+(y_1-y_2)^2} \tag{3-31}$$

在三维空间上两点 $a\ (x_1,y_1,z_1)$ 和 $b(x_2,y_2,z_2)$ 间的欧氏距离为：

$$d=\sqrt{(x_1-x_2)^2+(y_1-y_2)^2+(z_1-z_2)^2} \tag{3-32}$$

3.8.2 余弦相似度

余弦相似度是通过计算两个向量夹角的余弦值来评估它们的相似度的。余弦相似度根据坐标值将向量绘制到向量空间中，求得它们的夹角，并得出夹角对应的余弦值，此余弦值就可以用来表征这两个向量的相似度。若夹角越小，余弦值越接近于 1，则表示两个向量代表的样本越相似。

图 3-13 中两个向量的夹角很小，表示两个向量有很高的相似度。在极端情况下，两个向量可完全重合，即夹角为 0°（见图 3-14），可以认为两个向量是相等的，即两个向量是完全相似的。

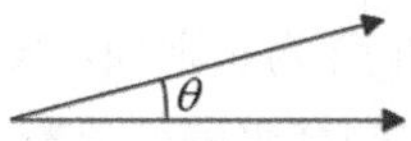

图 3-13　夹角很小

图 3-14　夹角为 0°

如果两个向量之间的夹角变大，那么两个向量代表的样本相似度变低；若达到大于或等于 90°（见图 3-15）的程度，则说明两个样本差异性较大。

图 3-15　夹角大于或等于 90°

假设有两个向量 $\boldsymbol{a}(x_1,y_1)$ 和 $\boldsymbol{b}(x_2,y_2)$，这两个向量的余弦相似度可以表示为：

$$\cos\theta=\frac{\boldsymbol{a}\cdot\boldsymbol{b}}{\|\boldsymbol{a}\|\times\|\boldsymbol{b}\|}=\frac{x_1x_2+y_1y_2}{\sqrt{x_1^2+y_1^2}\times\sqrt{x_2^2+y_2^2}} \tag{3-33}$$

总结以上情况，可知：

（1）夹角为 0° ～90° ，此时向量 $\boldsymbol{a}$ 与向量 $\boldsymbol{b}$ 的余弦值为 0～1，值越大，相似度越高。

（2）夹角为 0° ，此时余弦相似度为 1，向量 $\boldsymbol{a}$ 与向量 $\boldsymbol{b}$ 完全相似。

（3）夹角为 90° ，此时余弦相似度为 0，两个向量正交，两个向量不相似。

（4）夹角为 180° ，此时余弦相似度为-1，两个向量的方向完全相反。

假定 $\boldsymbol{a}=(x_1,x_2,\cdots,x_n)$ 和 $\boldsymbol{b}=(y_1,y_2,\cdots,y_n)$ 是两个 n 维向量，则 $\boldsymbol{a}$ 与 $\boldsymbol{b}$ 的夹角的余弦值为：

$$\cos\theta=\frac{\boldsymbol{a}\cdot\boldsymbol{b}}{\|\boldsymbol{a}\|\times\|\boldsymbol{b}\|}=\frac{\sum_{i=1}^{n}(x_i y_i)}{\sqrt{\sum_{i=1}^{n}(x_i)^2}\times\sqrt{\sum_{i=1}^{n}(y_i)^2}} \tag{3-34}$$

余弦相似度用 Python 代码可以表示为如下形式。

```
# 源程序 3-6：余弦相似度
def cosine_similarity(x, y, dim=128):
    xx = 0.0
    yy = 0.0
    xy = 0.0
    for i in range(dim):
        xx += x[i] * x[i]
        yy += y[i] * y[i]
        xy += x[i] * y[i]
    xx_sqrt = xx ** 0.5
    yy_sqrt = yy ** 0.5
    cos = xy/(xx_sqrt*yy_sqrt)
    return cos
```

3.8.3 基于角度间隔的方法

基于角度间隔的方法其实是基于余弦空间的，对角度乘以或者加上一个裕量，实现分割界面。在基于角度间隔的方法上，提出在分类面上设置一个间隔约束样本远离分割界面，从而增强特征的可分性，这里不进一步做介绍。

课后习题

一、选择题

1．人工智能深度学习方法技术需要先寻找（　　）。

A．概率　　B．数据　　C．梯度　　D．函数

2．人工智能算法是建立在（　　）基础上的。

A．四进制　　B．二进制　　C．六进制　　D．十二进制

3．二进制 0 或 1 组成的数字串，其信息单元称为（　　）。

A．比特率　　B．比特　　C．比特币　　D．叠加态

4．下面不是激活函数的是（　　）。

A．$y=ax+b$　　B．Sign 函数　　C．Sigmoid 函数　　D．Tanh 函数

二、判断题

1．损失函数通常不影响模型性能的好坏。（ ）

2．损失函数要根据具体任务进行设计，没有一个标准或者通用的损失函数能适用于所有的任务。（ ）

3．梯度下降算法是一种迭代算法，具有实现简单的优点。（ ）

4．梯度下降算法的解是全局最优解，而且它的速度是比较快的。（ ）

5．神经网络中学习率 η 不是神经网络模型学出来的，而是操作者自行设定的值，一般越小越好。（ ）

6．正则化是解决过拟合的唯一手段。（ ）

7．ℓ_0 范数描述了向量中非 0 元素的个数，可实现模型参数向量的稀疏。（ ）

8．人工智能识别图像是从输入到输出的神经网络过程。（ ）

三、简答题

1．什么是机器学习？为什么要研究机器学习？

2．什么是最小二乘法？

项目 4

特征工程及应用

教学导航

知识目标	1．了解特征工程的概念 2．掌握归一化和标准化的区别 3．掌握特征值和特征向量的含义 4．理解奇异值的含义 5．掌握 PCA 和 LDA 的含义
职业技能目标	1．能够读懂归一化和标准化代码 2．能够读懂模型存储和模型加载的代码 3．能够了解 PCA 和 LDA 的实现步骤及读懂对应的实现代码
知识重点	1．归一化和标准化 2．特征值和特征向量 3．PCA 和 LDA
知识难点	PCA 和 LDA
推荐学习方法	结合代码理解特征工程中的关键技术，如特征选择、降维等，反复推敲

知识导图

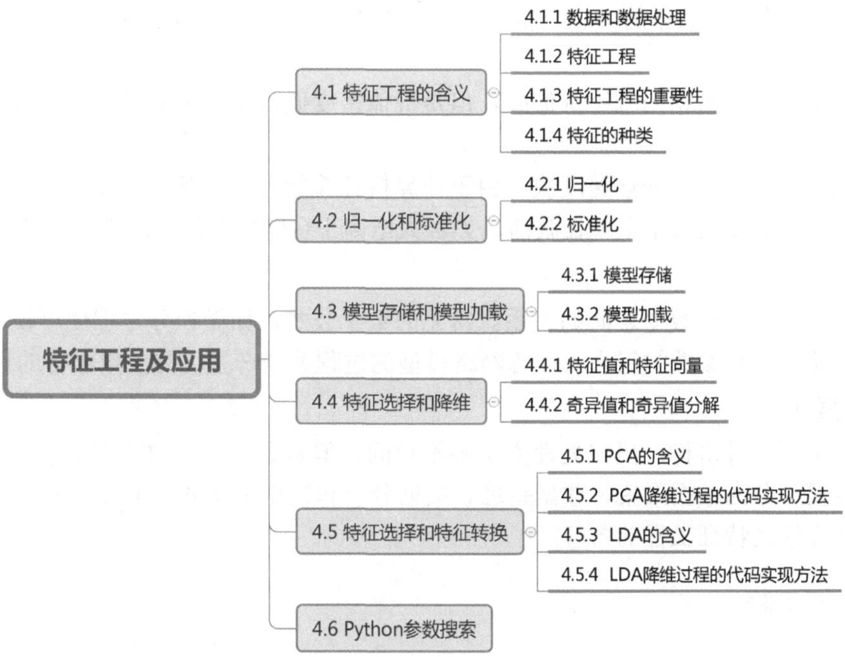

4.1 特征工程的含义

4.1.1 数据和数据处理

1. 数据

在机器学习中，数据是对现实世界现象的观测，不仅包括数值，还包括文本、音频、视频。例如，个人的身高、体重、心率、血糖、血压、比赛录像、笔录音频、股票市场的数据（包括每日股价）、公司的盈余报告、各种购物 App 上的用户登录次数、用户在某个页面的停留时间、购物频次、消费金额等都是数据，其他像“小明周三买了 1 顶帐篷、1 张野餐垫子”“小王 3 月份缺勤 2 天”之类的信息，都可以称为数据。

错误数据、冗余数据、缺失数据在任务中都可能会出现。错误数据是采集方式或者测量方式不当造成的。冗余数据是对同一个信息的多次表述。例如，性别可以用男、女来表示，也可以用 0、1 这样的数值来表示。缺失数据是对信息描述的缺位。

这里介绍几种机器学习中常用的标量和向量。

标量：只有大小没有方向的量。

向量：标量的有序列表，有大小和方向，模型的输入通常表示为数值向量。

例如，可以把“我爱中国”表示为$\begin{bmatrix}1 & 0 & 0 & 0\\0 & 1 & 0 & 0\\0 & 0 & 1 & 0\\0 & 0 & 0 & 1\end{bmatrix}$（One-hot 编码）。

2. 大数据

数据承载着大量的信息，信息是数据所表示的意义。海量的数据往往能表现出优异的信息属性，大数据往往具备如下 4 个特征。

（1）大量。大数据的数量巨大。

（2）类型丰富。大数据的类型丰富，除传统的文字、数字外，还包括音频、视频、文本等形式。

（3）价值高。大数据的应用价值高，但是价值密度低，所以需要对大数据进行清洗和筛选等处理。

（4）高速。大数据的处理速度快，由于计算机计算能力的提升，计算机依然能在短时间内快速精准地将需要的数据呈现在眼前，如各大电商平台购物节的实时销量统计。

3. 模型

模型可以描述不同数据之间的关系。常见的数学公式，如微积分方程便可视为一个数学模型，其本质是各种参数的组合。训练网络模型的过程就是产生优秀参数组合的过程。

4. 数据处理

数据的类型多种多样，虽然处理方法各不相同，但是数据处理的流程基本一致。数据处理的流程主要可分为数据采集、数据整理、数据分析和数据呈现 4 个环节。接下来会详细介绍数据处理方法之特征工程的内容。

4.1.2 特征工程

特征工程是机器学习中非常关键的一个环节，在以自动提取特征为主的深度学习中，特征工程也是非常重要的一个部分。

特征工程是打开数据密码的钥匙，是数据处理的重要组成部分。什么是特征呢？特征是原始数据在某方面的数值表示，是机器学习中对任务比较有意义的数据属性，而不仅仅是普通属性。

什么是特征工程呢？特征工程就是对原始数据的加工，是充分挖掘原始数据中的信息，将其提炼为特征，通过挑选最相关的特征，提取或者创造可供算法和模型使用的特征的一项工程。

例如，输入数据为身高和体重，标签为身材等级（胖、不胖）。基于这样的逻辑，可以判断人胖不胖。如果一个人很重，那么他一定胖吗？显然不是，所以不能仅仅根据体重来判断一个人胖不胖，如果对其进行特征工程的话，那么 BMI 指数［BMI=体重/(身高 ^{2})］就是特征工程的结果。

4.1.3　特征工程的重要性

"数据和算法之于计算机相当于知识和智商之于人类"，数据对于人工智能的重要性，从人工智能发展史中就可以窥见一斑。为了解决实际问题，数据科学家和人工智能工程师都要收集大量的可用数据，但是因为这些原始数据不完整或者数据之间常常具有高度相关性，会产生冗余，所以在使用前就要对其进行识别、清洗、构建和挖掘等一系列的操作。特征工程之于机器学习相当于烹饪之于人类（见图 4-1）。

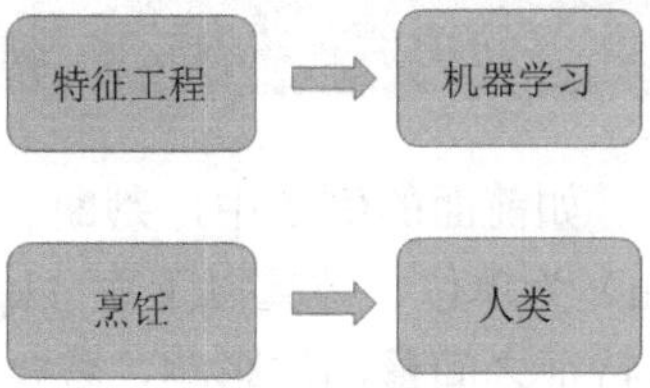

图 4-1　特征工程的重要性

大多数人认为数据就像某些机器学习竞赛和学术文献中数据集的数据那样干净，但是其实超过 90%的数据以原始形式存在，需要在使用前进行处理。

在数据科学家中进行的一项调查显示，他们的工作中超过 80%的时间是在收集、清洗和组织数据，其他主导性的工作时间约为 20%（见图 4-2），数据的准备工作是最耗时的部分，所以如何提高数据准备工作的效率和质量，是机器学习中很关键的一个问题。

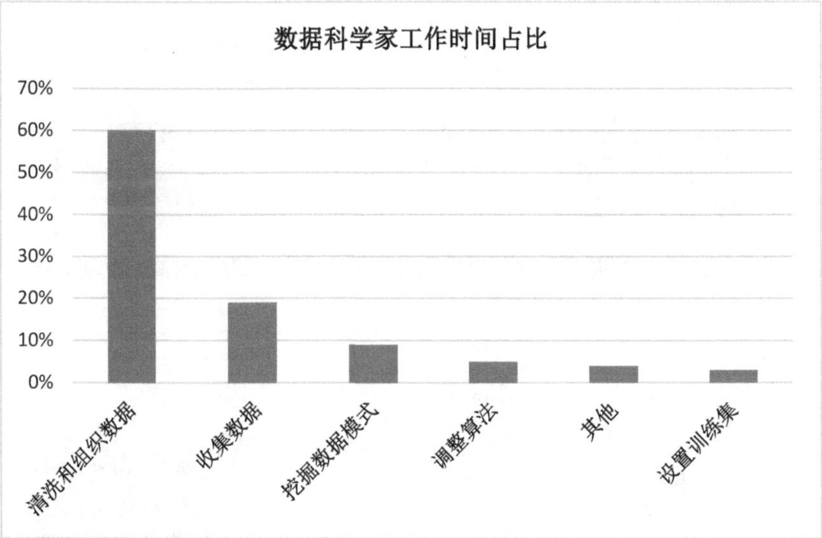

图 4-2　特征工程的耗时性

4.1.4 特征的种类

特征一般分为基本特征、统计特征、复杂特征和自然特征。表 4-1 所示为特征工程的种类。

表 4-1 特征工程的种类

种　类	属　性	举　例
基本特征	空间特征	健身方式
	时间特征	健身频率
统计特征	比例	健身花销占收入的比重
	平均	平均每月的健身花销
	标准差	健身花销的变化性
	最大值、最小值、中位数等	最大金额的花销
复杂特征	时间-空间	最近半年的健身方式
	空间-空间	瑜伽、跑步的次数
	时间空间统计	最近半年瑜伽花销占总支出的比例
自然特征	图像、语音、文本等	健身照片

4.2 归一化和标准化

如前面的例子中，判断一个人的体型，需要用到身高和体重这两个指标，如果身高以米（m）为单位、体重以千克（kg）为单位，那么体重对结果的影响程度就比较大。为了减少数据特征之间量纲的影响，需要对特征进行归一化（Normalization）处理，使得不同指标之间的可比性更强。

数据预处理就是将原始数据转化成能够用于建模的一致数据的过程，目的是使数据适应模型，匹配模型的需求。最常用的归一化和标准化是怎么处理的呢？可以使用 Scikit-Learn 官网中的归一化和标准化处理模块中的函数（见图 4-3），下面结合代码进行说明。

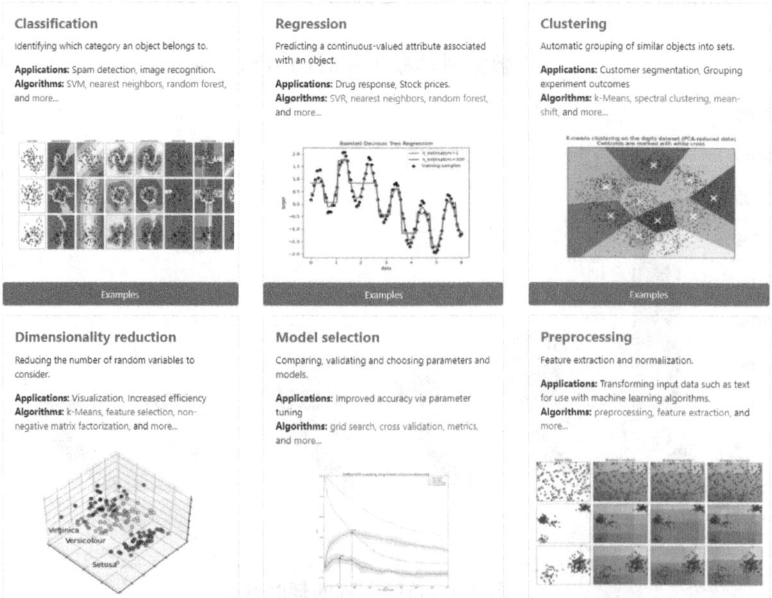

图 4-3 Scikit-Learn 官网中的归一化和标准化处理模块

4.2.1 归一化

归一化是为了消除量纲，将数据映射到[0,1]或者[-1,1]之间。区间放缩法是归一化的一种，是线性模型进行数据预处理重要的一步。一般可用如下公式进行归一化处理：

$$X_{\text{norm}}=\frac{X-X_{\min}}{X_{\max}-X_{\min}} \tag{4-1}$$

式中，X是原始数据；$X_{\min}$、$X_{\max}$分别是最小值、最大值。

对数据进行归一化处理，便是将数据映射到[0,1]或者[-1,1]中。以下是归一化的实现代码。

```
# 源程序 4-1：归一化(0,1)函数
from sklearn import preprocessing
import numpy as np
X_train = np.array([[ 1., -1.,  3.],
                    [ 2.,  0.,  0.],
                    [ 0.,  1., -1.]])

# MinMaxScaler( )函数是 Sklearn 中 preprocessing 库中的函数，用于归一化
min_max_scaler = preprocessing.MinMaxScaler( )

# fit( )是数据训练中适配数据的函数
X_train_minmax = min_max_scaler.fit_transform(X_train)
# 输出结果
print(X_train_minmax)
```

运行结果如下。

```
[[0.5  0.   1.  ]
 [1.   0.5  0.25]
 [0.   1.   0.  ]]
```

```
# 源程序 4-2：归一化（-1,1）函数
from sklearn import preprocessing
import numpy as np
X_train = np.array([[ 1., -1.,  2.],
                    [ 2.,  0.,  0.],
                    [ 0.,  1., -1.]])

# MaxAbsScaler( )函数是 Sklearn 中 preprocessing 库中的函数，用于归一化
max_abs_scaler = preprocessing.MaxAbsScaler( )

# fit( )是数据训练中适配数据的函数
X_train_maxabs = max_abs_scaler.fit_transform(X_train)

# 输出结果
X_train_maxabs
```

运行结果如下。

```
array([[ 0.5, -1. ,  1. ],
       [ 1. ,  0. ,  0. ],
       [ 0. ,  1. , -0.5]])
```

上述归一化是针对特征数据的，另外，还有一种基于特征矩阵行的数据处理方式，可以将样本向量归一化为单位向量——normalize( )函数。

```
# 源程序 4-3： normalize( )函数
from sklearn import preprocessing
import numpy as np
X = [[ 1., -1.,  2.],
     [ 2.,  0.,  0.],
     [ 0.,  1., -1.]]

# normalize( )函数是 Sklearn 中 preprocessing 库中的函数
X_normalized = preprocessing.normalize(X, norm='l1')

# 输出结果
print(X_normalized)
```

运行结果如下。

array([[0.25, -0.25,   0.5],
       [1.   , 0.   , 0.   ],
       [0.   , 0.5 , -0.5]])

4.2.2 标准化

标准化不同于归一化，它将原始数据映射到均值为 0、标准差为 1 的标准正态分布上，一般用如下公式进行标准化处理：

$$z=\frac{x-\mu}{\sigma} \tag{4-2}$$

式中，μ 代表均值；σ 代表标准差。

```
# 源程序 4-4：标准化
from sklearn import preprocessing
import numpy as np
X_train = np.array([[ 1., -1.,  2.],
                    [ 2.,  0.,  0.],
                    [ 0.,  1., -1.]])

# Standarscaler( )函数是 Sklearn 中 preprocessing 库中的函数，用于标准化
scaler = preprocessing.StandardScaler( ).fit(X_train)

# 输出每列的均值结果
print(scaler.mean_)

# 输出每列的标准差结果
print(scaler.scale_)

# 标准化转换
X_scaled = scaler.transform(X_train)

# 输出结果
print(X_scaled)
```

运行结果如下。

[1.   0.   0.33333333]
[0.81649658 0.81649658 1.24721913]

[[0.   -1.22474487   1.33630621]
 [1.22474487   0.   -0.26726124]
 [-1.22474487   1.22474487 -1.06904497]]

另外，Scikit-Learn 还有很多特征工程的函数（或类），这里就不详述了，可以参考官网学习。Scikit-Learn 中的一些特征工程函数（或类）如表 4-2 所示。

表 4-2 Scikit-Learn 中的一些特征工程函数（或类）

函数（或类）	功　能	描　述
StandardScaler	数据标准化	标准化，基于特征矩阵的列，将特征值转换成标准正态分布
MinMaxScaler	数据标准化	区间缩放，基于最大值、最小值，将特征值转换到[0,1]区间
Normalizer	归一化	基于特征矩阵的行，将样本向量转换成单位向量
Binarizer	二值化	基于给定阈值，将定量特征按照阈值划分
OneHotEncoder	独热编码	将定性数据编码转换成定量数据
Imputer	缺失值计算	计算缺失值，可将缺失值用均值去填充
PolynomialFeatures	多项式数据转换	多项式数据转换
FunctionTransformer	自定义单元数据转换	使用函数变换数据

4.3 模型存储和模型加载

4.3.1 模型存储

```
# 源程序 4-5：模型存储代码
import joblib
from sklearn import svm
x=[[0,0],[1,1]]
y=[0,1]
clf=svm.SVC( )
clf.fit(x,y)
joblib.dump(clf,"train_model.m")
```

运行结果：['train_model.m']。

4.3.2 模型加载

```
# 源程序 4-6：模型加载代码
clf=joblib.load("train_model.m")
clf.predict(x)
```

运行结果：array([0, 1])。

4.4 特征选择和降维

在进行特征选择和降维介绍前，首先来补充一些线性代数的特征值及奇异值分解的知识。

4.4.1 特征值和特征向量

$$\begin{aligned}&\boldsymbol{Ax}=\lambda\boldsymbol{x}\\&(\boldsymbol{A}-\lambda\boldsymbol{E})\boldsymbol{x}=0\\&|\boldsymbol{A}-\lambda\boldsymbol{E}|=0\end{aligned} \tag{4-3}$$

式中，$\boldsymbol{A}$ 代表矩阵；$\boldsymbol{x}$ 代表向量；λ 代表特征值；$\boldsymbol{E}$ 代表单位矩阵。$\boldsymbol{Ax}$ 是一种线性变换，相当于常数乘以向量 $\boldsymbol{x}$，即 $\boldsymbol{Ax}$ 代表向量拉伸变换，那么特征向量的含义就在于使得某些向量只发生拉伸变换，而特征值用于衡量相应的拉伸系数。在一定程度上，特征值就是运动的速度，特征向量就是运动的方向。需要注意的是，只有方阵才能计算特征值和特征向量。

在机器学习特征提取中，最大特征值对应的特征向量方向上包含最多的信息量。如果某几个特征值很小，那么说明对应方向信息量很小，可以用来降维，也就是删除小特征值对应方向的数据，只保留大特征值对应方向的数据，这样可使得总体数据量减小，而不影响有用的信息。

以下是求特征值和特征向量的 Python 实现代码。

```
# 源程序 4-7：求特征值和特征向量
import numpy as np
x=np.array([[2,4],[3,5]])
print("x",x)
a,b=np.linalg.eig(x)
print("a",a)
print("b",b)
```

运行结果如下。

```
x [[2 4]
  [3 5]]
a [-0.27491722   7.27491722]
b [[-0.86925207 -0.60422718]
  [ 0.49436913 -0.79681209]]
```

利用特征值和特征向量进行降维只有在矩阵为方阵的情况下才适用，如果是非方阵，那么如何进行降维呢？这就要用到奇异值和奇异值分解。

4.4.2 奇异值和奇异值分解

奇异值分解（Singular Value Decomposition，SVD）是一种重要的矩阵分解方法，以一种方便快捷的方式将我们感兴趣的矩阵分解成更简单且有直观意义的矩阵的乘积。

$$\boldsymbol{A}=\boldsymbol{U\Sigma V}^{\mathrm{T}} \tag{4-4}$$

任意的矩阵 $\boldsymbol{A}$ 可以分解成 3 个矩阵：$\boldsymbol{U}$、$\boldsymbol{V}$ 是两个正交阵；$\boldsymbol{\Sigma}$ 是对角阵，假设 $\boldsymbol{A}$ 是一个 $M\times N$ 的矩阵，那么得到的 $\boldsymbol{U}$ 是一个 $M\times M$ 的方阵（里面的向量是正交的，$\boldsymbol{U}$ 里面的向量称为左奇异向量），$\boldsymbol{\Sigma}$是一个 $M\times N$ 的矩阵（除对角线外的元素都是 0，对角线上的元素称为奇异值），$\boldsymbol{V}^{\mathrm{T}}$ 是一个 $N\times N$ 的矩阵（里面的向量也是正交的，$\boldsymbol{V}$ 里面的向量称为右奇异向量）。

$$\boldsymbol{A}=\boldsymbol{U\Sigma V}^{\mathrm{T}}$$

奇异值分解的图形表示如图 4-4 所示。

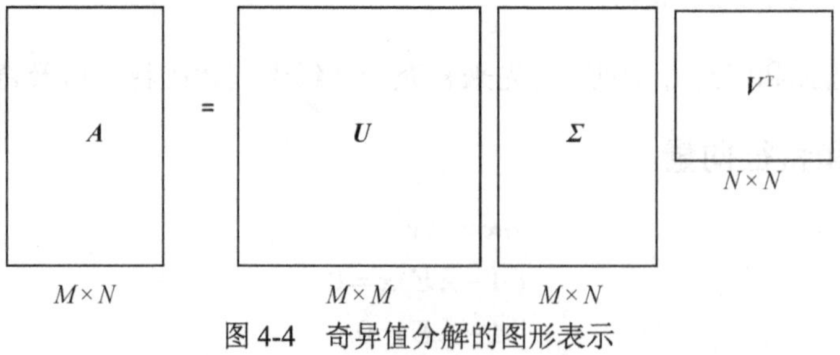

图 4-4　奇异值分解的图形表示

以下是奇异值和奇异值分解的 Python 实现代码。

```
# 源程序 4-8：奇异值和奇异值分解
import numpy as np
x2=np.array([[1,2,3],[4,5,6]])
print("x2",x2)
u,sigma,vt = np.linalg.svd(x2)
print("u",u)
print("sigma",sigma)
print("vt",vt)
```

运行结果如下。

```
x2 [[1 2 3]
 [4 5 6]]
u [[-0.3863177  -0.92236578]
 [-0.92236578  0.3863177 ]]
sigma [9.508032    0.77286964]
vt [[-0.42866713 -0.56630692 -0.7039467 ]
 [ 0.80596391  0.11238241 -0.58119908]
 [ 0.40824829 -0.81649658  0.40824829]]
```

4.5 特征选择和特征转换

特征选择是指从原始的列组合中把数据组合起来，创建可以更好地描述数据的特征。特征选择的降维原理是隔离信号列和忽略噪声列。

特征转换是指从原始数据集的隐藏结构中生成一个全新的数据集。特征转换的原理是可以捕获数据本质的新特征。特征转换示意图如图 4-5 所示。其中，$k < d$。常见的数据转换方法为 PCA（主成分分析）和 LDA（线性判别分析）。

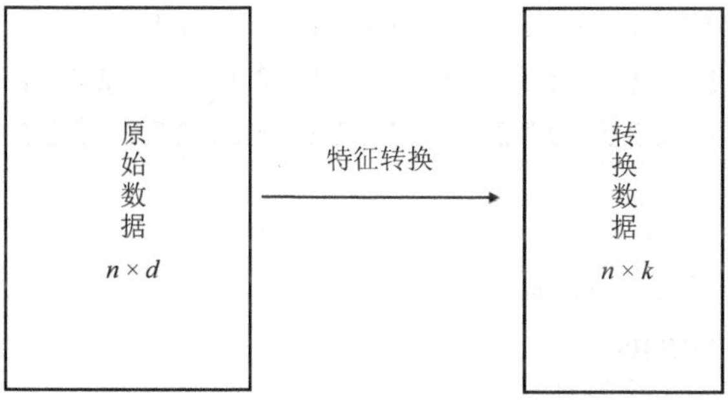

图 4-5 特征转换示意图

4.5.1 PCA 的含义

PCA（Principal Component Analysis，主成分分析）作为降维中最经典的方法，是一种线性、无监督、全局的降维算法。

这里，要解释一下“主成分”这个词的含义，从线性代数的角度讲，主成分就是特征值最有用的特征向量，在完成奇异值分解后，选取最大的几个特征值所对应的特征向量作为任务的特征向量，映射到低维空间，从而达到降维的目的。

可以用鸢尾花数据集来解释一下 PCA。鸢尾花（Iris）数据集是机器学习中常见的一个小型数据集，有 150 个样本、3 种花［山鸢尾（Iris-Setosa）、变色鸢尾（Iris-Versicolor）和弗吉尼亚鸢尾（Iris-Virginica）］和 4 个特征，数据形式是 150 行、4 列，每行代表 1 朵花，每列代表花的 1 个特征。目标是拟合一个分类器，在这个数据集中进行预测。在 Scikit-Learn 中，有一个内置模块可以下载鸢尾花数据集，操作步骤如下。

（1）加载模块，将数据集存储到变量 iris 中。

```
# 源程序 4-9
# 从 Scikit-Learn 中导入数据集
from sklearn import datasets
# 导入可视化模块
import matplotlib.pyplot as plt
# 加载数据集
iris = datasets.load_iris( )
```

（2）将数据矩阵和相应变量分别存储到 X、y 中。

```
iris_X = iris.data
iris_y = iris.target
print(iris_X)
```

```
[[5.1 3.5 1.4 0.2]
 [4.9 3.  1.4 0.2]
 [4.7 3.2 1.3 0.2]
 [4.6 3.1 1.5 0.2]
 ……
 [6.2 3.4 5.4 2.3]
 [5.9 3.  5.1 1.8]]
```

```
print(iris_y)
```

```
[0 0 0 0 0 0 0 0 0 0 0 0 0 0 0 0 0 0 0 0 0 0 0 0 0 0 0 0 0 0 0 0 0 0 0 0 0 0
 0 0 0 0 0 0 0 0 0 0 0 0 0 1 1 1 1 1 1 1 1 1 1 1 1 1 1 1 1 1 1 1 1 1 1 1
 1 1 1 1 1 1 1 1 1 1 1 1 1 1 1 1 1 1 1 1 1 1 1 1 1 1 2 2 2 2 2 2 2 2 2 2 2
 2 2 2 2 2 2 2 2 2 2 2 2 2 2 2 2 2 2 2 2 2 2 2 2 2 2 2 2 2 2 2 2 2 2 2 2 2 2
 2 2]
```

（3）预测花的名称。

```
target_names = iris.target_names
```

['setosa' 'versicolor' 'virginica']

（4）查看用于预测的 4 个特征。

```
feature_names=iris.feature_names
print(feature_names)
```

['sepal length (cm)', 'sepal width (cm)', 'petal length (cm)', 'petal width (cm)']

（5）设置数据集标签值。

```
label_dict={i:k for i,k in enumerate(iris.target_names)}
```

（6）画出原始分布图（对比降维效果）。

```
def plot(X,y,title,x_label,y_label):
    # fig 代表绘图窗口(figure)，ax 代表这个绘图窗口上的坐标系(axis)，ax 进行操作
```

```
    # subplot(111)代表第一行第一列的第一个图像
    fig=plt.figure( )
    ax=plt.subplot(111)
    for label,marker,color in zip(range(3),('^','s','o'),('red', 'blue',
'darkorange')):

plt.scatter(x=X[:,0].real[y==label],y=X[:,1].real[y==label],color=color,alpha=1,la
bel=label_dict[label])

    # 添加横纵坐标的代表名称
    plt.xlabel(x_label)
    plt.ylabel(y_label)

    # 设置图例的参数
    leg=plt.legend(loc='upper right',fancybox=True)
    # 设置分布点的颜色深浅
    leg.get_frame( ).set_alpha(0.5)
    # 添加图例的标题
    plt.title(title)

# 画出鸢尾花数据集的原始分布图
plot(iris_X,iris_y,"original iris data","sepal length(cm)","sepal width(cm)")
```

鸢尾花数据集的原始分布图如图 4-6 所示。

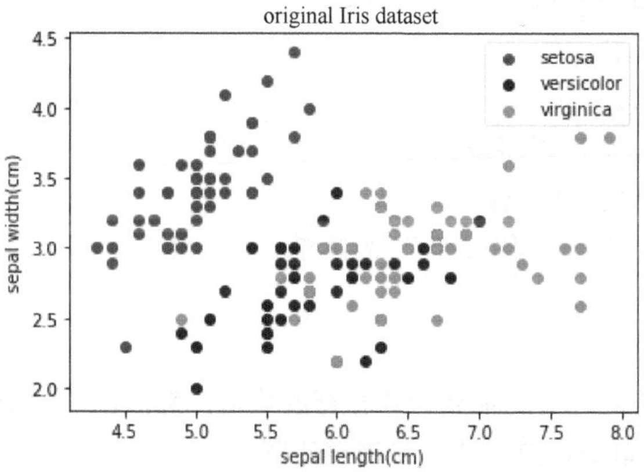

彩色图

图 4-6 鸢尾花数据集的原始分布图

（7）利用 PCA 算法和 2 个特征进行数据特征适配训练，n_components 代表降维后的维度。

```
pca = PCA(n_components=2)
iris_X_r = pca.fit(iris_X).transform(iris_X)
```

（8）画出 PCA 降维后的样本分布图。

```
# 定义图的尺寸、颜色和分布点的大小
plt.figure( )
colors = ['red', 'blue', 'darkorange']
lw = 2
# 画出 PCA 降维后的样本分布图
```

```
for color, i, target_name in zip(colors, [0, 1, 2], target_names):
    plt.scatter(iris_X_r[iris_y == i, 0], iris_X_r[iris_y == i, 1], color=color,
alpha=.8, lw=lw, label=target_name)
plt.legend(loc='best', shadow=False, scatterpoints=1)
plt.title('PCA of IRIS dataset')
plt.show( )
```

使用 PCA 降维后的鸢尾花数据集分布效果图如图 4-7 所示。

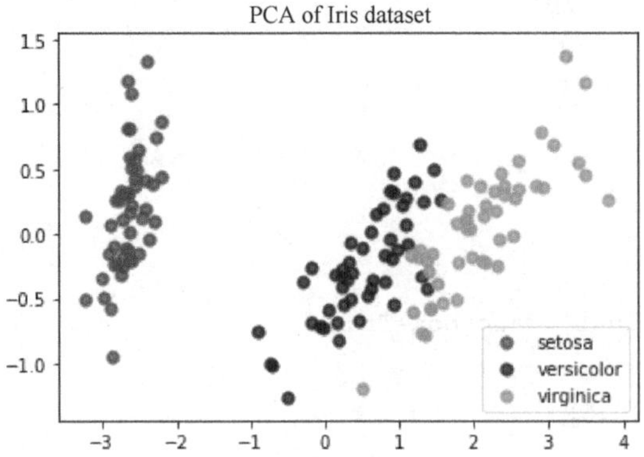

彩色图

图 4-7　使用 PCA 降维后的鸢尾花数据集分布效果图

从图 4-6 和图 4-7 中可以明显地看到 PCA 的降维作用。

4.5.2　PCA 降维过程的代码实现方法

PCA 的降维过程可分为如下 4 个步骤。

（1）创建数据集的协方差矩阵。

（2）计算协方差矩阵的特征值。

（3）保留前 K 个特征值（按特征值降序排列）。

（4）用保留的特征向量转换新的数据点。

此处略过数学推导过程，结合 NumPy 代码和 PCA 降维过程的 4 个步骤来进行详细说明。

1．NumPy 中的 PCA 操作

（1）创建数据集的协方差矩阵。

计算鸢尾花数据集的协方差矩阵，首先需要计算特征的均值，然后由前面 iris_X 的形状为 150×4，得知均值形状为 1×4，最后计算得 4×4 协方差矩阵。

```
# 源程序 4-10
# 手动计算 PCA
# 导入 NumPy
import numpy as np
# 计算特征均值
mean_vector=iris_X.mean(axis=0)
print(mean_vector)
# 计算协方差矩阵，形状为 4×4
cov_mat=np.cov((iris_X).T)
print(cov_mat.shape)
```

（2）计算协方差矩阵的特征值。

利用 NumPy 中的函数 np.linalg.eig( )计算鸢尾花数据集的特征值 eig_val_cov 和特征向

量 eig_vec_cov，以获得鸢尾花数据集的主成分。

```
# 计算鸢尾花数据集的特征值和特征向量
eig_val_cov,eig_vec_cov=np.linalg.eig(cov_mat)

for i in range(len(eig_val_cov)):
    eigvec_cov=eig_vec_cov[:,i]
    print('特征值{}:{}'.format(i+1,eig_val_cov[i]))
    print('特征向量{}: \n{}'.format(i+1,eigvec_cov))

    print(30 * '_')
```

运行结果如下。

特征值 1:4.228241706034863

特征向量 1:

[0.36138659 -0.08452251 0.85667061 0.3582892]

____

特征值 2:0.24267074792863352

特征向量 2:

[-0.65658877 -0.73016143 0.17337266 0.07548102]

____

特征值 3:0.07820950004291925

特征向量 3:

[-0.58202985 0.59791083 0.07623608 0.54583143]

____

特征值 4:0.023835092973449115

特征向量 4:

[0.31548719 -0.3197231 -0.47983899 0.75365743]

____

（3）保留前 *K* 个特征值。

取每个特征向量（主成分）的特征值，将其除以所有特征值之和，来表示特征的重要程度。

```
# 查看鸢尾花数据集中 4 个特征的重要程度
explained_variance_ratio=eig_val_cov/eig_val_cov.sum( )
explained_variance_ratio
```

array([0.92461872, 0.05306648, 0.01710261, 0.00521218])

从以上运行结果可以看出，第一个主成分约占到 92.5%的比例，所以信息可以压缩成 2 个特征，这样可以减少运算量，提升效率。

（4）用保留的特征向量转换新的数据点。

首先假设使用 2 个特征进行降维，就保留 2 个特征值，然后进行内积运算。

使用 PCA 降维后的鸢尾花数据集示意图如图 4-8 所示。

```
# 保存 2 个特征向量
top_2_eigenvectors=eig_vec_cov[:,:2].T
top_2_eigenvectors
```

array([[0.36138659, -0.08452251, 0.85667061, 0.3582892],
       [-0.65658877, -0.73016143, 0.17337266, 0.07548102]])

```
# 将数据集从 150×4 转换成 150×2
# np.dot 代表内积，且只取前 5 列
np.dot(iris_X,top_2_eigenvectors.T)[:5,]
```

```
array([[ 2.81823951, -5.64634982],
       [ 2.78822345, -5.14995135],
       [ 2.61337456, -5.18200315],
       [ 2.75702228, -5.0086536 ],
       [ 2.7736486 , -5.65370709]])
```

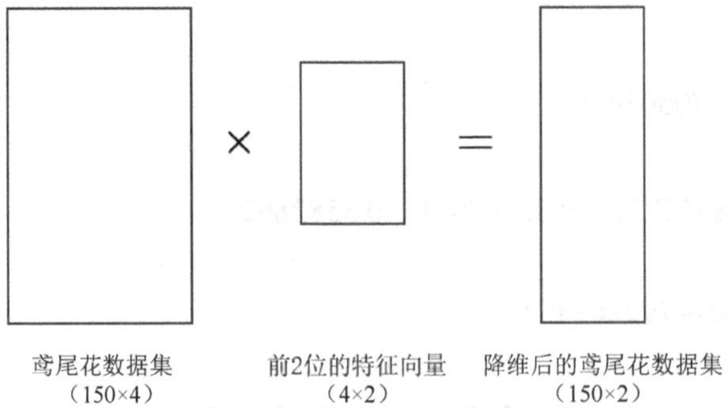

图 4-8　使用 PCA 降维后的鸢尾花数据集示意图

这样，就完成了降维，将四维的鸢尾花数据集降成二维的鸢尾花数据集，实现了数据的转换。

为了方便验证和 Scikit-Learn 中的运行数据的一致性，需要进行数据中心化操作。

```
# 手动中心化数据，方便和 Scikit-Learn 中的运行数据进行比较
np.dot(iris_X-mean_vector,top_2_eigenvectors.T)[:5,]
```

```
array([[-2.68412563, -0.31939725],
       [-2.71414169,  0.17700123],
       [-2.88899057,  0.14494943],
       [-2.74534286,  0.31829898],
       [-2.72871654, -0.32675451]])
```

2．Scikit-Learn 中的 PCA 操作

除可在 NumPy 中进行 PCA 操作外，还可以通过代码从 Scikit-Learn 角度演示如何实现降维。

```
# 源程序 4-11
# 鸢尾花数据集的 PCA 示例代码
from sklearn import datasets
from sklearn.decomposition import PCA
pca = PCA(n_components=2)
pca.components_
```

```
array([[ 0.36138659, -0.08452251,  0.85667061,  0.3582892 ],
       [ 0.65658877,  0.73016143, -0.17337266, -0.07548102]])
```

```
X_r = pca.fit(iris_X).transform(iris_X)[:5,]
```

```
array([[-2.68412563,  0.31939725],
       [-2.71414169, -0.17700123],
       [-2.88899057, -0.14494943],
```

```
        [-2.74534286, -0.31829898],
        [-2.72871654,  0.32675451]])
```

运行结果显示，手动计算得到的新数据集和 Scikit-Learn 中 PCA 转换器的结果一致，代码如下。

```
# 鸢尾花数据集的 PCA 示例代码
from sklearn import datasets
from sklearn.decomposition import PCA
import matplotlib.pyplot as plt
%matplotlib inline
# 加载鸢尾花数据集
iris = datasets.load_iris( )
# iris_X 代表 150 个样本的 4 个特征值；iris_y 代表 3 个种类对应的值[0,1,2]
iris_X = iris.data
iris_y = iris.target
# 鸢尾花数据集中 3 个种类的名称['setosa' 'versicolor' 'virginica']
target_names = iris.target_names
# 鸢尾花数据集中的 4 个特征['sepal length (cm)', 'sepal width (cm)', 'petal length
(cm)', 'petal width (cm)']
feature_names=iris.feature_names
# 设置标签的范围['setosa' 'versicolor' 'virginica']
label_dict={i:k for i,k in enumerate(iris.target_names)}

# 定义绘制初始样本分布图
def plot(X,y,title,x_label,y_label):
    # fig 代表绘图窗口(figure)，ax 代表这个绘图窗口上的坐标系(axis)，ax 进行操作
    # subplot(111):代表第一行第一列的第一个图像
    fig=plt.figure( )
    ax=plt.subplot(111)
    for label,marker,color in zip(range(3),('^','s','o'),('red', 'blue',
'darkorange')):
plt.scatter(x=X[:,0].real[y==label],y=X[:,1].real[y==label],color=color,alpha=1,l
abel=label_dict[label])
   # 添加横纵坐标的代表名称
    plt.xlabel(x_label)
    plt.ylabel(y_label)
    # 设置图例的参数
    leg=plt.legend(loc='upper right',fancybox=True)
    # 设置分布点的颜色深浅
    leg.get_frame( ).set_alpha(0.5)
    # 添加图例的标题
    plt.title(title)
# 画出鸢尾花数据集的分布图
plot(iris_X,iris_y,"original iris data","sepal length(cm)","sepal width(cm)")
# 调用 PCA 接口，设置 PCA 参数
pca = PCA(n_components=2)
X_r = pca.fit(X).transform(X)
# 定义图的尺寸、颜色和分布点的大小
plt.figure( )
```

```
colors = ['red', 'blue', 'darkorange']
lw = 2
# 画出 PCA 降维后的图像
for color, i, target_name in zip(colors, [0, 1, 2], target_names):
    plt.scatter(X_r[iris_y == i, 0], X_r[iris_y == i, 1], color=color, alpha=.8,
lw=lw,
                label=target_name)
plt.legend(loc='best', shadow=False, scatterpoints=1)
plt.title('PCA of IRIS dataset')
plt.show( )
```

4.5.3 LDA 的含义

LDA（Linear Discriminant Analysis，线性判别分析）是一种有监督学习算法，也是一种经常被用于对数据进行降维的算法，是 Ronald Fisher 于 1936 年发明的，也称 Fisher's LDA（Fisher's Linear Discriminant Analysis）。LDA 是目前机器学习、数据挖掘领域中经典且热门的一种算法。

相比 PCA，LDA 可以作为一种有监督的降维算法。在 PCA 中，算法没有考虑数据的标签（类别），只是把原数据映射到一些方差比较大的方向上，但是 LDA 试图识别出类别之间差异最大的属性，LDA 的中心思想是：最大化类间距离和最小化类内距离。

4.5.4 LDA 降维过程的代码实现方法

LDA 是计算类内和类间散布矩阵的特征值和特征向量的算法。可以将 LDA 的操作分为如下 4 个步骤。

（1）计算每个类别的均值向量。

（2）计算类内和类间的散布矩阵。

（3）对类内和类间散布矩阵进行内积运算，求得特征值和特征向量。

（4）降序排列特征值，保留前 K 个特征向量。

1. NumPy 中的 LDA 操作

（1）计算每个类别的均值向量。

计算每个类别（Setosa，Versicolor，Virginica）中每列的均值向量。

```
# 源程序 4-12
# 导入 NumPy
import numpy as np
# 每个类别的均值向量
mean_vectors=[]
# 鸢尾花分为 3 个种类，计算每个种类的均值
for cl in [0,1,2]:
    class_mean_vector=np.mean(iris_X[iris_y==cl],axis=0)
    mean_vectors.append(class_mean_vector)
    print(label_dict[cl],class_mean_vector)
```

```
setosa [5.006 3.428 1.462 0.246]
versicolor [5.936 2.77   4.26   1.326]
virginica [6.588 2.974 5.552 2.026]
```

（2）计算类内和类间的散布矩阵。

在进行编码之前，给出类内、类间散布矩阵的公式表示。

类内散布矩阵 $\boldsymbol{S}_{\mathrm{W}}$：

$$\boldsymbol{S}_{\mathrm{W}}=\sum_{i=1}^{c}\boldsymbol{S}_i \tag{4-5}$$

其中，

$$\boldsymbol{S}_i=\sum_{x\in D_i}^{n}(x-m_i)(x-m_i)^{\mathrm{T}} \tag{4-6}$$

式（4-6）中，m_i 代表第 i 个类别的均值向量。

```
# 类内散布矩阵
S_W=np.zeros((4,4))
# 循环查找每个类别的散布矩阵
for cl,mv in zip([0,1,2],mean_vectors):
    class_sc_mat=np.zeros((4,4))
    for row in iris_X[iris_y==cl]: # 循环查找每个样本
        row,mv=row.reshape(4,1),mv.reshape(4,1) # 列向量
        class_sc_mat+=(row-mv).dot((row-mv).T)
    S_W+=class_sc_mat

S_W
```

```
array([[38.9562, 13.63  , 24.6246,  5.645 ],
       [13.63  , 16.962 ,  8.1208,  4.8084],
       [24.6246,  8.1208, 27.2226,  6.2718],
       [ 5.645 ,  4.8084,  6.2718,  6.1566]])
```

类间散布矩阵 $\boldsymbol{S}_{\mathrm{B}}$：

$$\boldsymbol{S}_{\mathrm{B}}=\sum_{i=1}^{c}N_i(m_i-m)(m_i-m)^{\mathrm{T}} \tag{4-7}$$

式中，m 代表数据的总体均值；m_i 代表每个类别的样本均值；N_i 代表每个类别的样本大小。

```
# 类间散布矩阵
# 数据集均值
overall_mean=np.mean(iris_X,axis=0).reshape(4,1)
# 建立散布矩阵
S_B=np.zeros((4,4))
for i,mean_vec in enumerate(mean_vectors):
    n=iris_X[iris_y==i,:].shape[0]  # 每种花的数量
    mean_vec=mean_vec.reshape(4,1)    # 每种花的列向量
    S_B+=n*(mean_vec - overall_mean).dot((mean_vec-overall_mean).T)
S_B
```

```
array([[ 63.21213333, -19.95266667, 165.2484    ,  71.27933333],
       [-19.95266667,  11.34493333, -57.2396    , -22.93266667],
       [165.2484    , -57.2396    , 437.1028    , 186.774     ],
```

[71.27933333, -22.93266667, 186.774 , 80.41333333]])

（3）对类内和类间散布矩阵进行内积运算，求得特征值和特征向量。

与 PCA 操作类似，求得特征值和特征向量。

```
# 计算特征值和特征向量
eig_vals,eig_vecs=np.linalg.eig(np.dot(np.linalg.inv(S_W),S_B))
eig_vals=eig_vals.real
eig_vecs=eig_vecs.real

for i in range(len(eig_vals)):
    eigvec_sc=eig_vecs[:,i]
    print('特征值{}:{}'.format(i+1,eig_vals[i]))
    print('特征向量{}:{}'.format(i+1,eigvec_sc))
```

运行结果如下。

特征值 1:32.19192919827801

特征向量 1:[0.20874182 0.38620369 -0.55401172 -0.7073504]

特征值 2:0.2853910426230734

特征向量 2:[-0.00653196 -0.58661055 0.25256154 -0.76945309]

特征值 3:3.122123344961963e-16

特征向量 3:[0.88493633 -0.28315325 -0.25879109 -0.26408162]

特征值 4:-6.506451270892598e-15

特征向量 4:[-0.58376426 0.44506636 0.48295873 -0.47737417]

从以上运算结果可以看出，特征值 3 和特征值 4 几乎为 0。LDA 是用于划分类间决策边界的，鸢尾花数据集有 3 个种类，只需要 2 个决策边界就可以。

（4）降序排列特征值，保留前 K 个特征向量。

```
# LDA 降维后的数据
lda_iris_projection=np.dot(iris_X,top_2_linear_discriminants.T)
lda_iris_projection[:5,]
plot(lda_iris_projection,iris_y,"LDA Projection","LDA1","LDA2")
```

使用 LDA 投影降维后的效果图如图 4-9 所示。

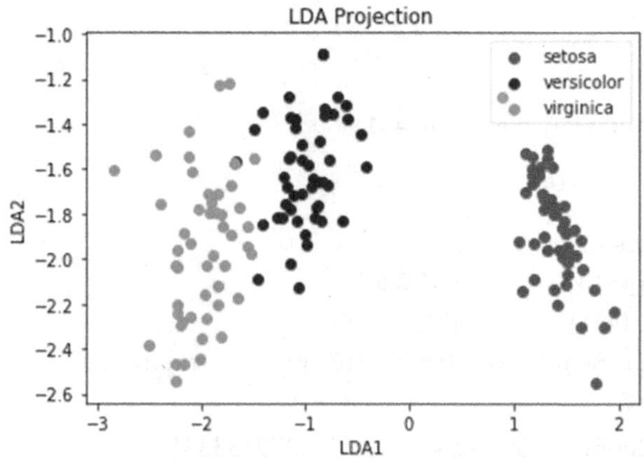

图 4-9　使用 LDA 投影降维后的效果图

彩色图

2．Scikit-Learn 中 LDA 的用法

利用 Scikit-Learn 中的 LDA 实现降维，可以避免以上 NumPy 中的复杂过程，实现代码如下。

```
# 源程序 4-13
# 导入数据库
from sklearn import datasets
from sklearn.discriminant_analysis import LinearDiscriminantAnalysis
import matplotlib.pyplot as plt
# 导入数据
iris = datasets.load_iris( )
# iris_X 代表 150 个样本的 4 个特征值; iris_y 代表 3 个种类对应的值[0,1,2];target_names 代表鸢尾花数据集中的种类名称
iris_X = iris.data
iris_y = iris.target
target_names = iris.target_names
# 实例化 LDA 模块
lda = LinearDiscriminantAnalysis(n_components=2)
# 拟合并转换鸢尾花数据集
X_r2 = lda.fit(iris_X,iris_y).transform(iris_X)
# LDA 的 scalings_属性等同于 PCA 的 components_属性
print(lda.scalings_)
```

```
[[ 0.82937764   0.02410215]
 [ 1.53447307   2.16452123]
 [-2.20121166 -0.93192121]
 [-2.81046031   2.83918785]]
```

```
# 解释总方差比例
print(lda.explained_variance_ratio_)
```

```
[0.9912126 0.0087874]
```

这个数值和 NumPy 中的数值一致，即只包含 2 个元素，那是由于第 3 个和第 4 个的特征值几乎为 0。

```
# 绘图
plt.figure( )
colors = ['red', 'blue', 'darkorange']
lw = 2

# 在 3 个种类之间循环操作设置颜色等信息
for color, i, target_name in zip(colors, [0, 1, 2], target_names):
   plt.scatter(X_r2[iris_y == i, 0], X_r2[iris_y == i, 1], alpha=.8, color=color,
            label=target_name)
plt.legend(loc='best', shadow=False, scatterpoints=1)
plt.title('LDA of IRIS dataset')
plt.show( )
```

使用 LDA 降维后的鸢尾花数据集效果图如图 4-10 所示。

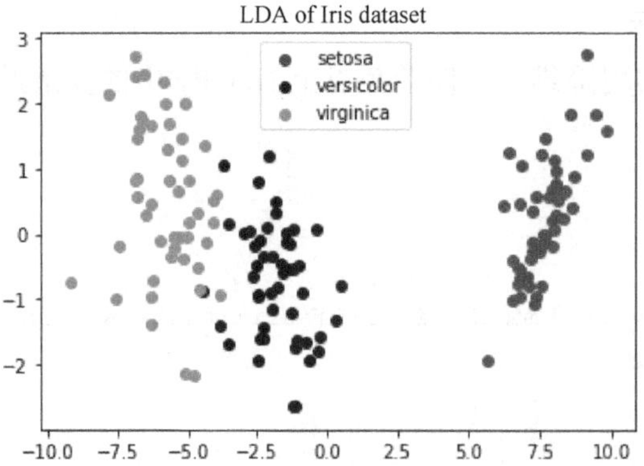

彩色图

图 4-10　使用 LDA 降维后的鸢尾花数据集效果图

Scikit-Learn 中完整的 LDA 代码如下。最后的运行结果如图 4-10 所示。

```
# 源程序 4-14
# LDA
from sklearn import datasets
from sklearn.discriminant_analysis import LinearDiscriminantAnalysis
import matplotlib.pyplot as plt

iris = datasets.load_iris( )

X = iris.data
y = iris.target
target_names = iris.target_names

lda = LinearDiscriminantAnalysis(n_components=2)
X_r2 = lda.fit(X, y).transform(X)

plt.figure( )
colors = ['red', 'blue', 'darkorange']
lw = 2

for color, i, target_name in zip(colors, [0, 1, 2], target_names):
    plt.scatter(X_r2[y == i, 0], X_r2[y == i, 1], alpha=.8, color=color,
                label=target_name)
plt.legend(loc='best', shadow=False, scatterpoints=1)
plt.title('LDA of IRIS dataset')
plt.show( )
```

4.6　Python 参数搜索

参数是无法在估算器中直接学习的，在 Scikit-Learn 中，Scikit-Learn 提供了一种通用的参数搜索方法，对于给定值，网格提供的网格搜索命令 GridSearchCV 穷举考虑所有参数组合，从用参数指定的参数值网格中详尽地生成候选对象 param_grid。

```
param_grid = [
  {'C': [1, 10, 100, 1000], 'kernel': ['linear']},
  {'C': [1, 10, 100, 1000], 'gamma': [0.001, 0.0001], 'kernel': ['rbf']},
```

```
]
```

假定应探索两个网格：第一个网格具有线性核，C 值在[1,10,100,1000]中，第二个网格具有 RBF 核，C 值在[1,10,100,1000]中，伽马值在[0,001,0,0001]中。

GridSearchCV 将搜索区域的数据“拟合”到数据集时，将评估所有可能的参数值组合，并保留最佳组合。

```
# 源程序 4-15
# GridSearchCV 参数搜索
import numpy as np
from sklearn import datasets
from sklearn.linear_model import Ridge
from sklearn.model_selection import GridSearchCV

# 加载数据集
dataset=datasets.load_diabetes( )

# 准备数据集
alphas=np.array([1,0.1,0.01,0.001,0.0001,0])

# 建立并适配一个 Ridge 模型
model=Ridge( )
grid=GridSearchCV(estimator=model,param_grid=dict(alpha=alphas))
grid.fit(dataset.data,dataset.target)
print(grid)

# 输出搜索结果
print(grid.best_score_)
print(grid.best_estimator_.alpha)
```

运行结果如下。

```
GridSearchCV(cv='warn', error_score='raise-deprecating',
             estimator=Ridge(alpha=1.0, copy_X=True, fit_intercept=True,
                             max_iter=None, normalize=False, random_state=None,
                             solver='auto', tol=0.001),
             iid='warn', n_jobs=None,
             param_grid={'alpha': array([1.e+00, 1.e-01, 1.e-02, 1.e-03, 1.e-04, 0.e+00])},
             pre_dispatch='2*n_jobs', refit=True, return_train_score=False,
             scoring=None, verbose=0)
0.48879020446060156
0.001
```

课后习题

一、选择题

1．以下是数据的选项为（ ）。

A．文本　　B．视频　　C．音频　　D．以上都是

2．大数据所具备的特征，下列中不正确的有（ ）。

A．数量巨大　　B．类型丰富　　C．应用价值高　　D．处理速度慢

二、填空题

1．设矩阵 $\boldsymbol{A}=\begin{pmatrix} 0 & 10 & 6 \\ 1 & -3 & -3 \\ -2 & 10 & 8 \end{pmatrix}$，已知 $\boldsymbol{\alpha}=\begin{pmatrix} 2 \\ -1 \\ 2 \end{pmatrix}$是它的一个特征向量，则 $\boldsymbol{\alpha}$ 所对应的特征值为_______。

2．常见的数据降维方法有______和_______。

三、简单题

1．什么是特征工程？查询资料后，简述其重要性。

2．简述 PCA 的降维步骤。

项目 5

经典算法的实现

教学导航

知识目标	1. 掌握 KNN 算法在分类和回归算法中的应用 2. 掌握支持向量机的本质 3. 了解核函数的作用 4. 掌握过拟合和欠拟合的含义 5. 了解线性回归的含义 6. 掌握贝叶斯定理及其在分类、回归中的应用 7. 了解决策树的分类和回归算法 8. 了解集成学习的概念 9. 了解随机森林和梯度提升决策树的原理 10. 掌握分类算法的评价指标 11. 掌握回归算法的评价指标
职业技能目标	1. 能够读懂 KNN 算法的代码（分类和回归） 2. 会使用 Scikit-Learn 构建支持向量机 3. 读懂逻辑回归算法的示例代码 4. 读懂朴素贝叶斯算法的示例代码 5. 读懂决策树的示例代码 6. 读懂随机森林的示例代码 7. 读懂梯度提升决策树的示例代码
知识重点	1. KNN 算法 2. 支持向量机 3. 朴素贝叶斯算法 4. 分类算法的评价指标 5. 回归算法的评价指标
知识难点	支持向量机的原理和参数优化
推荐学习方法	结合代码理解 KNN 算法等知识点

知识导图

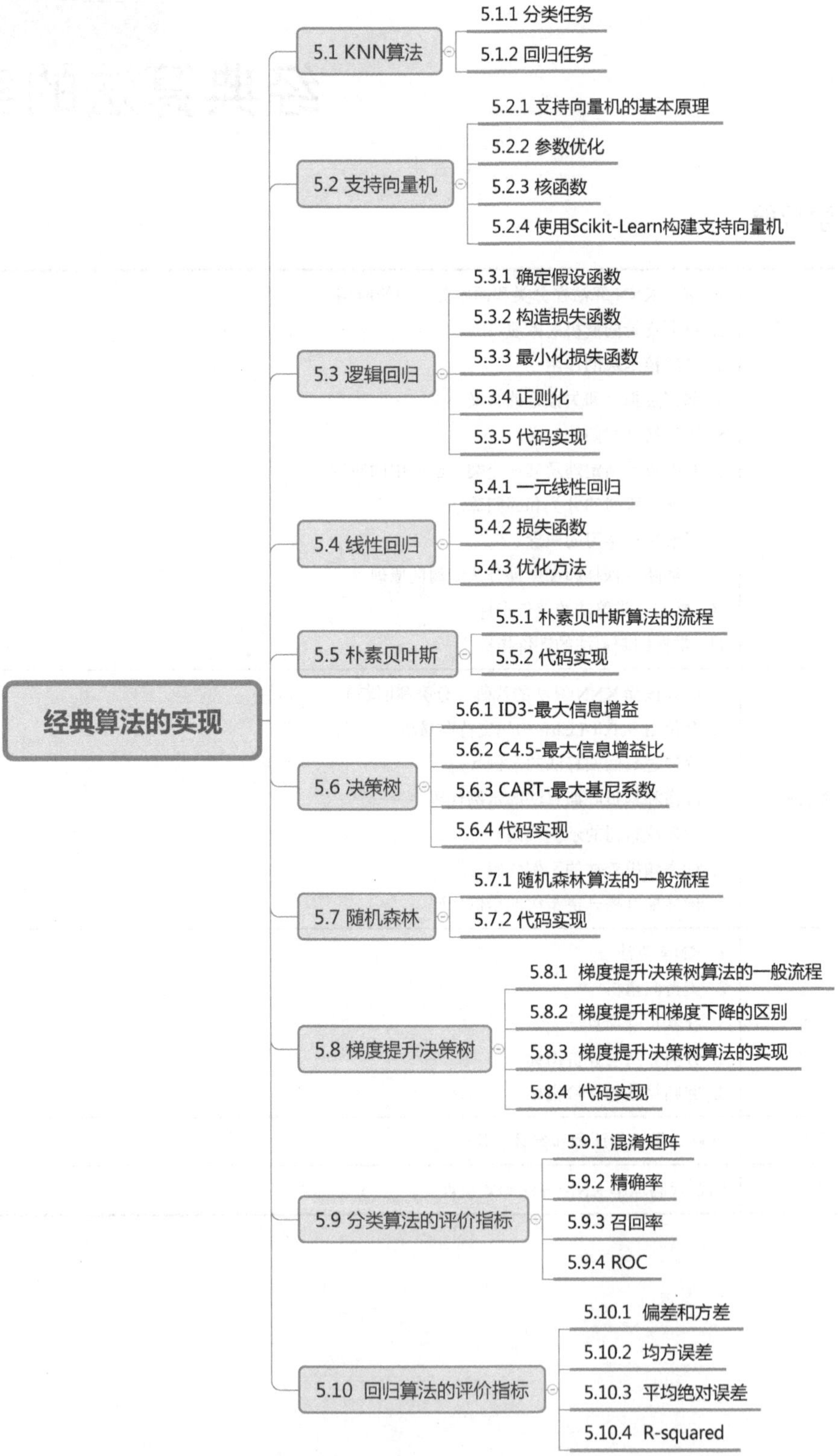
经典算法的实现
5.1 KNN算法
5.1.1 分类任务
5.1.2 回归任务
5.2 支持向量机
5.2.1 支持向量机的基本原理
5.2.2 参数优化
5.2.3 核函数
5.2.4 使用Scikit-Learn构建支持向量机
5.3 逻辑回归
5.3.1 确定假设函数
5.3.2 构造损失函数
5.3.3 最小化损失函数
5.3.4 正则化
5.3.5 代码实现
5.4 线性回归
5.4.1 一元线性回归
5.4.2 损失函数
5.4.3 优化方法
5.5 朴素贝叶斯
5.5.1 朴素贝叶斯算法的流程
5.5.2 代码实现
5.6 决策树
5.6.1 ID3-最大信息增益
5.6.2 C4.5-最大信息增益比
5.6.3 CART-最大基尼系数
5.6.4 代码实现
5.7 随机森林
5.7.1 随机森林算法的一般流程
5.7.2 代码实现
5.8 梯度提升决策树
5.8.1 梯度提升决策树算法的一般流程
5.8.2 梯度提升和梯度下降的区别
5.8.3 梯度提升决策树算法的实现
5.8.4 代码实现
5.9 分类算法的评价指标
5.9.1 混淆矩阵
5.9.2 精确率
5.9.3 召回率
5.9.4 ROC
5.10 回归算法的评价指标
5.10.1 偏差和方差
5.10.2 均方误差
5.10.3 平均绝对误差
5.10.4 R-squared

没有最好的算法，只有最合适的算法。随着深度学习的发展，神经网络模型在各种场景中被广泛应用，是大多数研究者解决问题的首选方案。然而，深度学习是通过海量数据驱动的，当缺乏高质量的海量人工标注数据时，再好的模型也无法显示出其优势。在一些特殊场景中，海量且具有精确标注的数据是很难获取的，如医学影像处理中，疾病样本的获取通常花销很大。这时深度学习难以大显身手，但是经典算法却可以灵活地解决问题。

机器学习任务主要分为回归任务和分类任务两类。这两类任务的区别在于数据标签类型的不同，当数据标签为连续值时，需要解决的是回归问题；当数据标签为离散值时，需要解决的是分类问题。一般而言，每一个经典算法都可以同时解决回归问题和分类问题。

5.1 KNN 算法

K-近邻（K-Nearest Neighbor，KNN）算法是最简单的机器学习算法之一，KNN 算法的核心思想类似于“物以类聚，人以群分”的意思。

5.1.1 分类任务

假设有一个数据集，数据集中的每个样本都有一个标签标注其类别，将具有相同标签的样本看作一类。对于一条没有标签的测试样本，利用 KNN 算法可以根据训练集预测其标签。图 5-1 所示为 KNN 算法的图解。

假设有红、绿、蓝 3 种颜色的点，分布在二维空间中。在该平面上存在一个白色的点，称为待推测点，计算出与其最邻近的 K 个样本点（选择 K=4），而此时这 K 个样本点包含了 3 个类别（1 红、1 蓝、2 绿），KNN 算法采用投票法来进行类别推测，即找出 K 个样本点中类别出现次数最多的那个类别，因此该待推测点的类型值为绿色类别。

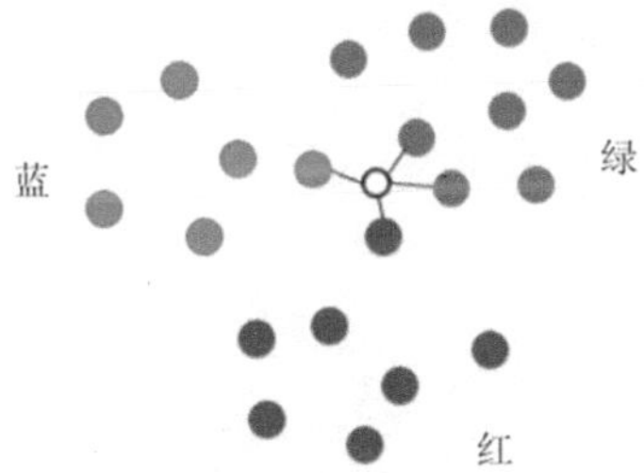

彩色图

图 5-1 KNN 算法的图解

下面用代码解释这一过程。

（1）加载数据，本实验使用鸢尾花（Iris）数据集，将 iris.csv 数据集和代码放在同一个文件夹下。

```
# 源程序 5-1
# 加载数据集
def loadDataset(filename, split, trainingSet = [], testSet = []):
    with open(filename, 'r') as csvfile:
        lines = csv.reader(csvfile)
        dataset = list(lines)[1:] # 去掉表头
        for x in range(len(dataset)-1):
            for y in range(4):
                dataset[x][y] = float(dataset[x][y])
```

```
        if random.random( ) < split:  # 将数据集随机划分
            trainingSet.append(dataset[x])
        else:
            testSet.append(dataset[x])
```

（2）计算测试数据与训练集中数据之间的距离。

```
# 计算数据之间的距离
# length 表示每条数据的维度
def euclideanDistance(instance1, instance2, length):
    distance = 0
    for x in range(length):
        distance += pow((instance1[x]-instance2[x]), 2)
    return math.sqrt(distance)
```

（3）按照距离的递增关系进行排序，选择距离最小的 K 个点。K 值的选择至关重要，可以通过交叉验证法得到：一般来说，较大的 K 值可以抑制噪声的影响，但会使分类的边界不那么明显。

```
# 获取 K 个邻居
def getNeighbors(trainingSet, testInstance, K):
    distances = []
    length = len(testInstance)-1
    for x in range(len(trainingSet)):
        dist = euclideanDistance(testInstance, trainingSet[x], length)
        distances.append((trainingSet[x], dist)) # 获取测试样本到其他样本的距离
    distances.sort(key=operator.itemgetter(1)) # 对所有的距离进行排序
    neighbors = []
    for x in range(K):  # 获取距离最近的 K 个点
        neighbors.append(distances[x][0])
        return neighbors
```

（4）确定前 K 个点中每类样本出现的概率。

```
# 得到这 K 个邻居的分类中最多的那一类
def getResponse(neighbors):
    classVotes = {}
    for x in range(len(neighbors)):
        response = neighbors[x][-1]
        if response in classVotes:
            classVotes[response] += 1
        else:
            classVotes[response] = 1

    sortedVotes = sorted(classVotes.items( ), key=operator.itemgetter(1),
reverse=True)
    return sortedVotes[0][0]
```

（5）将出现概率最高的样本确定为测试样本的预测分类。

代码详见本书配套代码资源 KNN_classification.py。

5.1.2 回归任务

回归任务的原理与 KNN 算法用于分类是一致的：通过一种距离度量关系（通常为曼哈顿距离或欧几里得距离）寻找与待预测点相近的 K 个点，根据这 K 个点进行回归。不同的是，

分类任务中使用投票的方式，即待预测点的类别与 K 个点中数量最多的样本类别一致。在回归任务中，待预测点的标签由 K 个点标签的平均值决定。

如下代码为 KNN 算法用于回归任务的实例。随机生成一系列训练数据，其标签为连续值。使用 Scikit-Learn 的 KNeighborsRegressor 类可实现 KNN 的回归算法。

```
# 源程序 5-2
from sklearn.datasets import make_regression
from sklearn.neighbors import KNeighborsRegressor
from sklearn.model_selection import train_test_split

kng=KNeighborsRegressor(n_neighbors=5)
# 随机生成数据，并划分为训练集和测试集
x_data,y_data=make_regression(n_features=1,n_informative=1,noise=50,random_state=
1)
x_train,x_test,y_train,y_test=train_test_split(x_data,y_data,random_state=1)

kng.fit(x_train,y_train)
prediction=kng.predict(x_test)

kng_test_score=kng.score(x_test,y_test)
kng_train_score=kng.score(x_train,y_train)

print('test data score:{:.2f}'.format(kng_test_score))
```

代码详见本书配套代码资源 KNN_regression.py。

5.2 支持向量机

支持向量机（Support Vector Machine，SVM）是一种监督学习的方法，主要用来进行分类和回归分析。SVM 可以分为线性和非线性两大类。其主要思想为找到空间中的一个能够将所有数据样本划分开的超平面，并且使得样本集中的数据到这个超平面的距离最大。

假设桌面上有 I 和 II 两种小球，如图 5-2 所示，使用笔直的“木棍”即可把它们分开，这根“木棍”称为分界面。很显然，这样的分界面并不只有一个，SVM 的目的就是为“木棍”找到一个合适的位置，使得两边的球都离它足够远。当确定了“木棍”的最佳位置后，再继续添加小球，便可判断其颜色。例如，图 5-2 中的小球 A，因为其位于“木棍”的上方，所以判断其类别为 I 类。

当小球的分布再复杂一些时，如图 5-3 所示，就无法使用一根“木棍”将两种类型的球分开了。

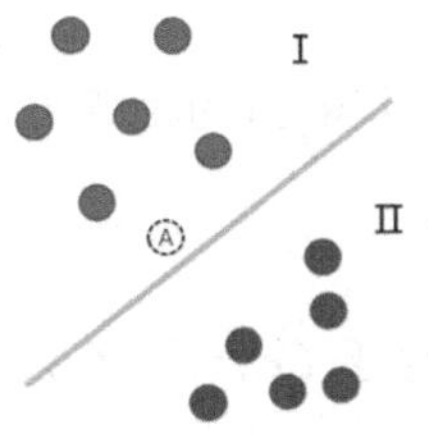

图 5-2　分球问题 1

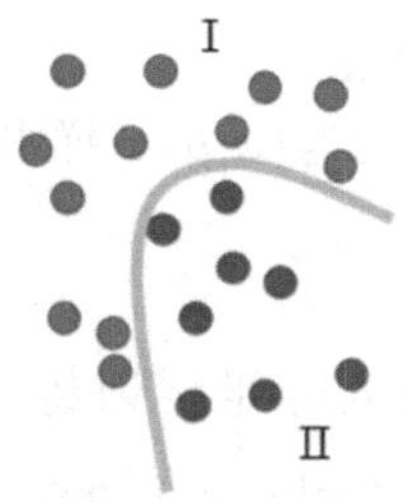

图 5-3　分球问题 2

为了将桌面上的两种球分开，可以用力拍桌子，使小球弹起。如图 5-4 所示，先将平面中无法分开的小球映射到空间中，再使用“一张纸”将两类小球分开。

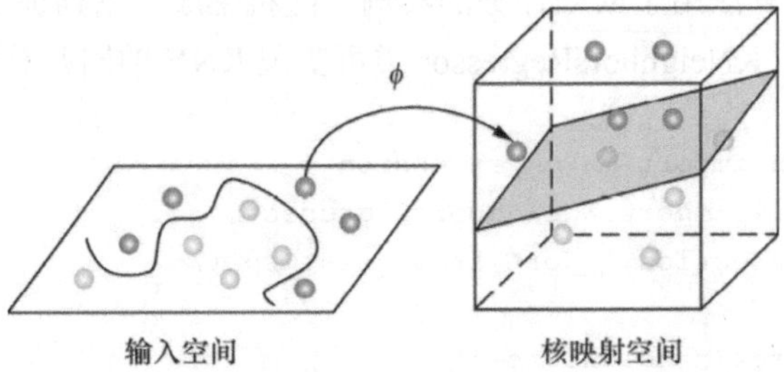

图 5-4　映射过程

在搭建模型过程中，小球相当于数据，木棍称为分类面，找到木棍最佳位置的过程称为优化，拍桌子把球弹起来的过程叫作核映射，在空间中将小球分开的纸片称为分割超平面。

5.2.1　支持向量机的基本原理

SVM 学习的基本思想是求解能够正确划分训练集并且具有几何间隔最大的分割超平面。如图 5-5 所示，$\boldsymbol{wx}^{\mathrm{T}}+b=0$ 即分割超平面，其中，$\boldsymbol{w}=(w_1,w_2,\ldots,w_d)$ 是法向量，决定了超平面的方向；b 是位移项，决定了超平面与原点之间的距离。对于线性可分的数据集来说，这样的超平面有无穷多个，但是几何间隔最大的分割超平面却是唯一的。

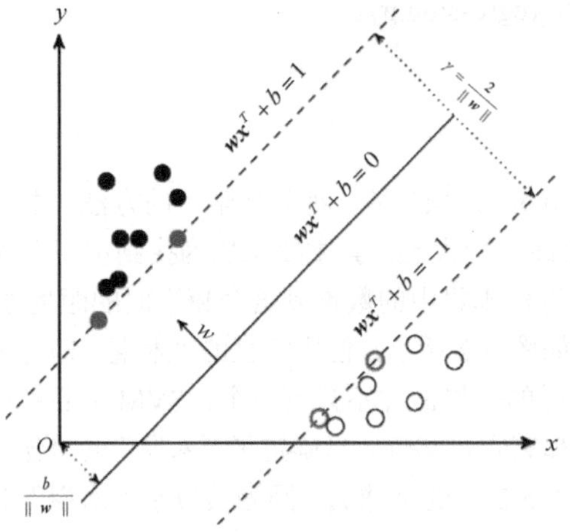

图 5-5　分割超平面

彩色图

假设有训练集数据 $T=\{(\boldsymbol{x}_1,y_1),(\boldsymbol{x}_2,y_2),\cdots,(\boldsymbol{x}_N,y_N)\}$，其中 $\boldsymbol{x}_i=(x_{i1},x_{i2},\ldots,x_{id})$，$y_i=\{-1,+1\}$，也就是样本由 d 个属性描述，y_i 为数据标签，y_i 等于 1 时样本为正样本，y_i 等于−1 时样本为负样本。

我们将超平面记为 $(\boldsymbol{w},b)$，样本空间中任意点到超平面 $(\boldsymbol{w},b)$ 的距离可写成

$$r=\frac{|\boldsymbol{wx}^{\mathrm{T}}+b|}{\|\boldsymbol{w}\|} \tag{5-1}$$

假设超平面 $(\boldsymbol{w},b)$ 能将训练样本正确分类，即对于 $(\boldsymbol{x}_i,y_i)\in T$，若 $y_i=+1$，则有 $\boldsymbol{wx}_i^{\mathrm{T}}+b>0$；若 $y_i=-1$，则有 $\boldsymbol{wx}_i^{\mathrm{T}}+b<0$。令

$$\begin{cases} \boldsymbol{w}\boldsymbol{x}_i^{\mathrm{T}}+b \geqslant +1, y_i=+1; \\ \boldsymbol{w}\boldsymbol{x}_i^{\mathrm{T}}+b \leqslant -1, y_i=-1. \end{cases} \tag{5-2}$$

如图 5-5 所示，距离超平面最近的几个训练样本点称为“支持向量”，由图 5-5 可以看出，图中红色部分数据为支持向量。两个异类支持向量到超平面的距离之和称为间隔（margin），用γ表示，即

$$\gamma=\frac{2}{\|\boldsymbol{w}\|} \tag{5-3}$$

SVM 的目的是寻找一个超平面$(\hat{w},\hat{b})$，以使样本点的间隔最大化，γ越大，分割超平面对两类数据的划分越稳定。SVM 的最终优化目标为：

$$\max_{w,b}\frac{2}{\|\boldsymbol{w}\|}$$
$$s.t.\quad y_i\left(\boldsymbol{w}\boldsymbol{x}_i^{\mathrm{T}}+b\right)\geqslant 1，i=1,2,\cdots,N \tag{5-4}$$

这就是支持向量机的基本型。

5.2.2 参数优化

为了找到最优分割超平面，需要对式(5-4)进行改写，将其转换为凸优化问题。$\min_{w,b}\frac{1}{2}\|\boldsymbol{w}\|^2$和$\max_{w,b}\frac{2}{\|\boldsymbol{w}\|}$是等价的，因此可对式（5-4）进行如下改写：

$$\min_{w,b}\frac{1}{2}\|\boldsymbol{w}\|^2$$
$$s.t.\quad y_i\left(\boldsymbol{w}\boldsymbol{x}_i^{\mathrm{T}}+b\right)\geqslant 1，i=1,2,\cdots,N \tag{5-5}$$

使用拉格朗日乘数法，可构造拉格朗日函数：

$$\varLambda(\boldsymbol{w},b,\boldsymbol{\lambda})=\frac{1}{2}\|\boldsymbol{w}\|^2+\sum_{i=1}^{N}\lambda_i\left[1-y_i\left(\boldsymbol{w}\boldsymbol{x}_i^{\mathrm{T}}+b\right)\right] \tag{5-6}$$

式中，$\boldsymbol{\lambda}=(\lambda_1,\lambda_2,...,\lambda_N)$，$\lambda_i\geqslant 0$，$\lambda_i$为拉格朗日乘数。计算$\varLambda(\boldsymbol{w},b,\boldsymbol{\lambda})$关于$\boldsymbol{w}$和$b$的导数，并令其为 0，可得：

$$\boldsymbol{w}=\sum_{i=1}^{N}\lambda_i y_i\boldsymbol{x}_i$$
$$0=\sum_{i=1}^{N}\lambda_i y_i \tag{5-7}$$

将式（5-7）代入式（5-6）可得：

$$\varLambda(\boldsymbol{\lambda})=-\frac{1}{2}\sum_{n=1}^{N}\sum_{m=1}^{N}\lambda_n\lambda_m y_m y_n\boldsymbol{x}_m^{\mathrm{T}}\boldsymbol{x}_n+\sum_{i=1}^{N}\lambda_i \tag{5-8}$$

SVM 的主优化问题为凸优化，满足强对偶性，式（5-8）属于凹函数，其对偶函数是对偶问题，因此可通过最大化式（5-8）求出$\boldsymbol{\lambda}$的值，之后代入式（5-7）即可得到$\boldsymbol{w}$和b的值。

5.2.3 核函数

以上为线性可分情况下的 SVM，当数据线性不可分时，需要使用核函数将数据映射到某

个线性可分的高维空间中，将问题转化为线性可分问题。对于式（5-9），当数据线性不可分时，可使用映射函数ϕ将x_m，x_n映射到高维空间：

$$\Lambda(\lambda) = -\frac{1}{2}\sum_{n=1}^{N}\sum_{m=1}^{N}\lambda_n\lambda_m y_m y_n\left[\phi(x_m)\cdot\phi(x_n)\right] + \sum_{i=1}^{N}\lambda_i \tag{5-9}$$

这里有个问题，将数据映射到高维空间后，运算量是惊人的。此时，核函数的作用就体现出来了。

通常，构造核函数：

$$k(x,z) = \phi(x)\cdot\phi(z) \tag{5-10}$$

在输入的低维空间中进行点积计算。常见的高斯核有线性核函数等。

5.2.4　使用 Scikit-Learn 构建支持向量机

Scikit-Learn 已经包含 SVM 的代码实现，只需要导入 SVM 模块，传入训练数据和标签，即可得到训练好的 SVM 模型。

```
# 源程序 5-3：构建 SVM
import numpy as np
X = np.array([[-1, -1], [-2, -1], [1, 1], [2, 1]])
y = np.array([1, 1, 2, 2])
from sklearn.svm import SVC
clf = SVC( )
clf.fit(X, y) Sklearn
SVC(C=1.0, cache_size=200, class_weight=None, coef0=0.0,
    decision_function_shape='ovr', degree=3, gamma='auto', kernel='rbf',
    max_iter=-1, probability=False, random_state=None, shrinking=True,
    tol=0.001, verbose=False)
print(clf.predict([[-0.8, -1]]))
```

代码详见本书配套代码资源 SVM.py。

5.3　逻辑回归

虽然名字中带有“回归”两个字，但是逻辑回归却是分类算法。逻辑回归具有简单、可解释性强等特点，是工业界较常用的一种二分类算法。当然，逻辑回归也可以用于多分类问题，但是常见的还是二分类。在探索某种疾病的危险因素时，可以根据危险因素判断某人是否得了某种疾病。例如，找到两组人，一组患病，另一组健康。记录他们的年龄、性别、饮食习惯及各项生理指标，这里年龄等属于自变量，是否患病为因变量，使用逻辑回归可以在输入自变量后判断一个人是否患病。

逻辑回归模型的构建通常分为如下 3 个步骤。

（1）确定假设函数。

（2）构造损失函数。

（3）最小化损失函数。

下面详细介绍每一个步骤。

5.3.1 确定假设函数

逻辑回归函数的形式为：

$$y = f(z) = \frac{1}{1+\mathrm{e}^{-z}} \tag{5-11}$$

该函数中 $z = \boldsymbol{w}\boldsymbol{x}^{\mathrm{T}} + b$，其中 $\boldsymbol{x} = (x_1, x_2, ..., x_i)$，输出 y 位于 0～1，可用于表示某个样本为正样本的概率。

对于线性分类问题，令 $\boldsymbol{\theta} = (\theta_0, \theta_1, \theta_2, \cdots, \theta_n)$，其分类边界可表示为：

$$\theta_0 + \theta_1 x_1 + \theta_2 x_2 + \cdots + \theta_n x_i = \boldsymbol{\theta}\boldsymbol{x}^{\mathrm{T}} \tag{5-12}$$

假设函数为：

$$p_{\boldsymbol{\theta}}(\boldsymbol{x}) = f\left(\boldsymbol{\theta}\boldsymbol{x}^{\mathrm{T}}\right) = \frac{1}{1+\mathrm{e}^{-\boldsymbol{\theta}\boldsymbol{x}^{\mathrm{T}}}} \tag{5-13}$$

由此函数可知，输入 $\boldsymbol{x}$ 属于类别 1 和类别 0 的概率分别为：

$$P(y=1|\boldsymbol{x};\boldsymbol{\theta}) = p_{\boldsymbol{\theta}}(\boldsymbol{x})$$

$$P(y=0|\boldsymbol{x};\boldsymbol{\theta}) = 1 - p_{\boldsymbol{\theta}}(\boldsymbol{x}) \tag{5-14}$$

5.3.2 构造损失函数

逻辑回归的损失函数是交叉熵损失函数，交叉熵主要用于度量预测值与真实值之间的分布差异性。交叉熵损失函数为：

$$J(\boldsymbol{\theta}) = -\frac{1}{N}\sum_{i=1}^{N}\left\{y_i \log P_{\boldsymbol{\theta}}(x) + (1-y_i)\log\left[1-P_{\boldsymbol{\theta}}(x)\right]\right\} \tag{5-15}$$

式中，y_i 表示数据的真实标签。

5.3.3 最小化损失函数

损失函数表示模型的预测结果和真实标签之间的差距，在模型训练过程中，不断调整模型的参数，当损失函数的值达到最小时，便可将此时的参数值确定为最佳参数。通常，使用梯度下降算法找到 $J(\boldsymbol{\theta})$ 的最小值，$\boldsymbol{\theta}_j$ 的更新过程可表示为：

$$\boldsymbol{\theta}_j := \boldsymbol{\theta}_j - \alpha\frac{1}{m}\sum_{i=1}^{m}[P_{\boldsymbol{\theta}}(x_i) - y_i]x_i^j \tag{5-16}$$

式中，x_i^j 表示第 i 个样本的第 j 个特征值。通常，训练样本的每个特征值对应一个参数。

5.3.4 正则化

过拟合即过分拟合了训练数据，使得模型的复杂度提高，泛化能力（对未知数据的预测能力）较差。欠拟合是指模型无法很好地拟合所有数据，拟合能力较差。图 5-6（a）所示为欠拟合，图 5-6（b）所示为合适的拟合，图 5-6（c）所示为过拟合。

当模型出现欠拟合现象时，通过增加模型的复杂度、增加特征数量的方法解决。但出现过拟合现象时，应该减少模型参数或者对模型参数进行约束，即正则化，加入正则项之后，损失函数，即式（5-15）可写为：

$$J(\boldsymbol{\theta}) = -\frac{1}{N}\sum_{i=1}^{N}\left\{y_i \log P_{\boldsymbol{\theta}}(x) + (1-y_i)\log\left[1-P_{\boldsymbol{\theta}}(x)\right]\right\} + \lambda\sum_{j=1}^{n}\boldsymbol{\theta}_j^2 \tag{5-17}$$

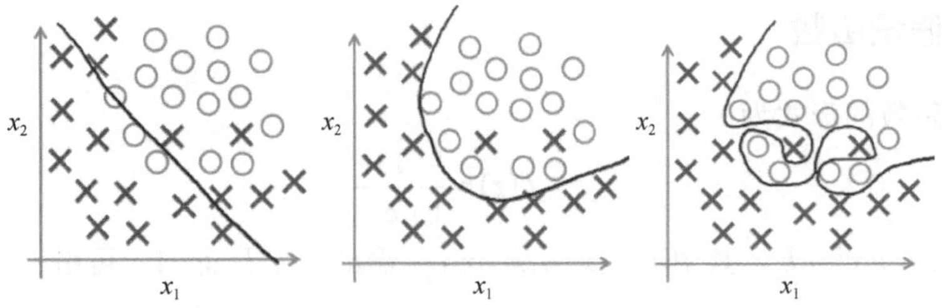

（a）欠拟合　（b）合适的拟合　（c）过拟合

图 5-6　数据拟合情况

通过在损失函数的末尾加入约束项，在最小化损失函数过程中可以将某些参数进行压缩，使其接近 0，以降低模型的复杂度，从而提高模型的泛化能力。

5.3.5　代码实现

```
# 源程序 5-4：逻辑回归源程序
import numpy as np
from sklearn import linear_model, datasets
from sklearn.model_selection import train_test_split

# 加载数据
iris = datasets.load_iris( )
X = iris.data[:, :3]
Y = iris.target
# np.unique(Y)   # out: array([0, 1, 2])

# 拆分测试集、训练集
X_train, X_test, Y_train, Y_test = train_test_split(X, Y, test_size=0.3, random_s
tate=0)
# 设置随机数种子,以便比较结果

# 标准化特征值
from sklearn.preprocessing import StandardScaler
sc = StandardScaler( )
sc.fit(X_train)
X_train_std = sc.transform(X_train)
X_test_std = sc.transform(X_test)

# 训练逻辑回归模型
logreg = linear_model.LogisticRegression(C=1e5)
logreg.fit(X_train, Y_train)

# 预测
prepro = logreg.predict_proba(X_test_std)
acc = logreg.score(X_test_std,Y_test)
print(acc)
```

代码详见本书配套代码资源 logistic_regression.py。

5.4 线性回归

与逻辑回归不同，线性回归的因变量是连续的，是一个数值，如预测的用户的年龄、广告的曝光率等。

5.4.1 一元线性回归

线性回归是用法非常简单、用处非常广泛、含义也非常容易理解的一类回归算法，作为机器学习的入门算法非常合适。在二元一次方程中，将 y 作为因变量，x 作为自变量，得到方程：

$$y = \theta_0 + \theta_1 x$$

这是最简单的线性回归模型，只含有一个自变量，因此称为一元线性回归。当数据中含有的自变量变多时，可灵活地增加 θ 以更好地拟合数据。图 5-7 所示为某件商品的广告投入与商品销量的关系图。线性回归就是要找到一条直线，通过优化其参数使该直线可以尽可能多地拟合图 5-7 中的数据点。

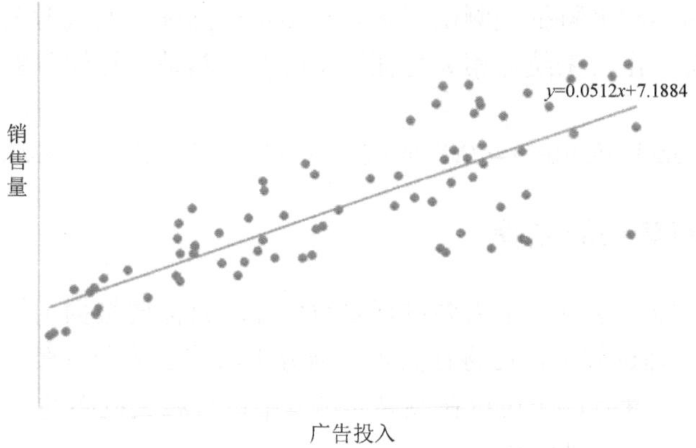

图 5-7　某件商品的广告投入与商品销量的关系图

5.4.2 损失函数

与逻辑回归类似，线性回归参数的更新同样需要有损失函数。不同的是逻辑回归的因变量是离散的，使用交叉熵损失函数；而线性回归的因变量是连续的，因此使用残差平方和作为损失函数。

$$J(\theta) = \sum_{i=1}^{N} \left[y_i - (\theta_0 + \theta_1 x_i) \right]^2 \tag{5-18}$$

损失函数是衡量回归模型误差的函数，误差值越小，说明拟合效果越好。

5.4.3 优化方法

线性回归的损失函数可使用最小二乘法进行优化。当 $J(\theta)$ 关于 θ 的倒数全为 0 时，损失函数可取得最小值。以一元线性回归为例，分别对 θ_0，θ_1 求偏导得：

$$\frac{\partial J(\theta)}{\partial \theta_0} = 2\sum_{i=1}^{N} (y_i - \theta_0 - \theta_1 x_i) \tag{5-19}$$

$$\frac{\partial J(\theta)}{\partial \theta_1} = 2\sum_{i=1}^{N}\left(y_i - \theta_0 - \theta_1 x_i\right)x_i \tag{5-20}$$

令式（5-19）和式（5-20）的值为 0，即可求得 θ_0，θ_1 的值。

5.5 朴素贝叶斯

贝叶斯定理表达了某个事件发生的概率，为了求出这个概率，通常需要找到一些和该事件相关的先验知识，这种利用先验知识推断事件发生概率的过程称为贝叶斯推理。

贝叶斯公式表达为：

$$P(B \mid A) = \frac{P(A \mid B)P(B)}{P(A)} \tag{5-21}$$

在公式中，$P(A)$称为先验概率（Prior Probability），即在事件 B 发生之前，衡量事件 A 发生的概率。$P(A|B)$称为后验概率（Posterior Probability），即在事件 B 发生之后，对事件 A 发生的概率重新进行评估。$P(A|B)P(B)$称为可能性函数，即事件 A 与事件 B 同时发生的概率。

将贝叶斯定理运用到实际事件的分类中，可以直观地将事件 A 和事件 B 理解为特征和标签。在测试阶段，目标根据特征预测出标签。虽然特征到标签的映射情况是非常复杂的，难以统计，但是，由标签出发来统计相关特征发生的概率却是比较简单的。因此，贝叶斯定理可以形象地表达为：

$$P(\text{Label} \mid \text{Feature}) = P(\text{Feature} \mid \text{Label}) \times P(\text{Label}) / P(\text{Feature}) \tag{5-22}$$

5.5.1 朴素贝叶斯算法的流程

由贝叶斯公式可得，该算法不需要进行参数估计，只需要根据训练数据统计出公式右边的 3 个量即可。在推理过程中，可将朴素贝叶斯分类器涉及的所有概率值预先存储，在进行预测时直接查表即可。同时，也可以在预测的过程中进行相关概率的统计。

（1）数据预处理，获取训练样本。

（2）估计每个类别出现的概率，即求出$P(\text{Label})$。

（3）估计每个类别条件下，每个特征组合出现的概率，即 $P(\text{Feature} \mid \text{Label})$，这里的 Feature 可以是多种多样的。例如，如果特征为性别（男，女）和年龄（18，60），那么特征组合 Feature 有 4 种情况：（男，18）、（男，60）、（女，18）、（女，60）。

（4）求出每个特征组合发生的概率，即 $P(\text{Feature})$。

（5）在测试过程中，根据特征组合，即可求出测试样本属于每个类别的概率，取最大概率对应的类别作为测试样本的预测值。

5.5.2 代码实现

在 Scikit-Learn 中，一共有 3 个朴素贝叶斯分类算法。分别是 GaussianNB、MultinomialNB 和 BernoulliNB。其中，GaussianNB 是以高斯分布为先验的朴素贝叶斯分类算法，MultinomialNB 是以多项式分布为先验的朴素贝叶斯分类算法，而 BernoulliNB 是以伯努利分布为先验的朴素贝叶斯分类算法。本实验选取 GaussianNB 作为先验分布，对鸢尾花数据集进行分类。

```
# 源程序 5-5：朴素贝叶斯源程序
from sklearn.naive_bayes import GaussianNB
```

```
from sklearn.datasets import load_iris
from sklearn.model_selection import train_test_split
# 加载数据
datas = load_iris( )
# 训练集和测试集
iris_x = datas.data
iris_y = datas.target
iris_x0 = iris_x[ :, 0:2]
X_train,X_test,y_train,y_test =train_test_split(iris_x0, iris_y, test_size=0.3)
clf = GaussianNB( )
# 训练开始
clf.fit(X_train,y_train)
# 预测结果
per = clf.predict(X_test)
print(per)
print(y_test)
```

代码详见本书配套代码资源 NB.py。

5.6 决策树

决策树是一种自顶向下地对样本数据进行树形分类的过程，每次选取一个特征或属性作为分类依据，最终将样本划分为不同的组。一棵训练好的决策树由结点和有向边组成，结点分为内部结点和叶结点，其中每个内部结点表示一个特征或属性，叶结点表示最终将数据化成的组别。

决策树用于分类问题和回归问题，因为决策树的实施过程与销售、诊断等场景下的决策过程十分相似，所以在市场营销和疾病诊疗领域尤其受欢迎。

表 5-1 所示为学生信息列表。表中一共有 10 个样本（学生数量），每个样本都通过分数、出勤率、回答问题次数、作业提交率这 4 个属性来判断这些学生该门课程是否为“优”，最后一列给出了人工分类结果。

表 5-1　学生信息列表

学生编号	分　数	出勤率	回答问题次数	作业提交率	分类：课程是否为“优”
1	99	80%	5	90%	是
2	89	100%	6	100%	是
3	69	100%	7	100%	否
4	50	60%	8	70%	否
5	95	70%	9	80%	否
6	98	60%	10	80%	是
7	92	65%	11	100%	是
8	91	80%	12	85%	是
9	85	80%	13	95%	是
10	85	91%	14	98%	是

用这一组附带分类结果的样本可以训练出多种多样的决策树，这里为了简化过程，假设

决策树为二叉树。二叉树如图 5-8 所示。

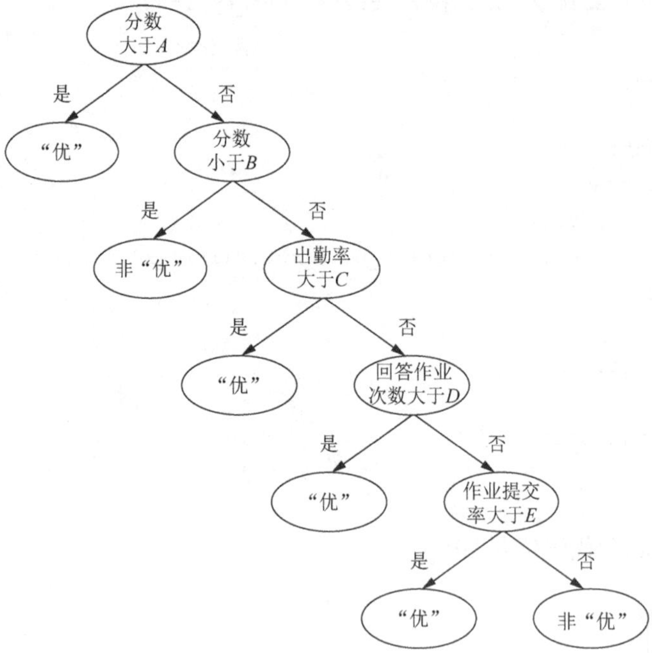

图 5-8　二叉树

树中的 *ABCDE* 称为阈值，可通过训练得到。由以上的决策树可知，首先根据分数判断是否为“优”，然后将判断为“否”的样本使用出勤率进行进一步的划分，以此类推。当然，也可以将出勤率看作首要因素构建决策树。对于一个特定的问题，决策树的选择可能有很多种。在实际运用中要学会采用启发式学习的方法构建一棵最优决策树。

常用的决策树算法有 ID3、C4.5 和 CART，它们的主要区别在于构建过程中采用不同的准则衡量一棵决策树的好坏。下面分别介绍这 3 种算法。

5.6.1　ID3-最大信息增益

在介绍具体内容之前，需要先引入熵（Entropy）的概念。熵用来表示随机变量的不确定性程度。信息是对不确定性的消除，消除的不确定性越多，获得的信息量就越大。一件事发生的概率越大，其包含的信息量越少。例如，太阳东升西落，发生的概率极大，但包含的信息量较少。

对于样本集合 D，假设类别数为 K，数据集 D 的经验熵为：

$$H(D)=-\sum_{k=1}^{K}\frac{|C_k|}{|D|}\mathrm{lb}\frac{|C_k|}{|D|} \tag{5-23}$$

式中，C_k 表示 D 中属于第 k 类的样本子集；$|C_k|$ 表示该子集的样本个数；$|D|$ 表示样本集合的总个数。

现在，加入特征 A 作为分类依据，则特征 A 对于集合 D 的经验条件熵 $H(D|A)$ 为：

$$H(D|A)=\sum_{i=1}^{n}\frac{|D_i|}{|D|}H(D_i)=\sum_{i=1}^{n}\frac{|D_i|}{|D|}\left(-\sum_{k=1}^{k}\frac{|D_{ik}|}{|D_i|}\mathrm{lb}\frac{|D_{ik}|}{|D_i|}\right) \tag{5-24}$$

式中，D_i 表示 D 中特征 A 取第 i 个值的样本子集，D_{ik} 表示 D_i 中属于第 k 类的样本子集。如

果使用特征 A 对数据集进行划分，那么得到 A 的信息增益：

$$g(D,A)=H(D)-H(D|A) \tag{5-25}$$

同样，可以使用特征 B、特征 C 等对数据集进行划分，得到对应的信息增益 $g(D,B)$、$g(D,C)$。取信息增益最大的特征作为分割特征。

5.6.2 C4.5-最大信息增益比

由经验条件熵的计算公式可以看出，某个特征的取值个数越多，其计算出的条件熵就越小，即信息增益准则对可取值数目较多的属性有所偏好。为减少这种偏好可能带来的不利影响，推出“信息增益比”来选择最优划分属性。特征 A 对于数据集 D 的信息增益比定义为：

$$g_R(D,A)=\frac{g(D,A)}{H_A(D)} \tag{5-26}$$

$$H_A(D)=-\sum_{i=1}^{n}\frac{|D_i|}{|D|}\mathrm{lb}\frac{|D_i|}{|D|} \tag{5-27}$$

式中，D_i 表示 D 中特征 A 取第 i 个值的样本子集。$H_A(D)$ 称为数据集 D 关于 A 的取值熵。

5.6.3 CART-最大基尼系数

不管是信息增益还是信息增益比，都存在大量的对数运算，而在 CART（Classification And Regression Tree，分类回归树）的决策树算法中，是使用基尼（Gini）系数来表示信息的纯度的，因为它在简化模型计算的同时又保留了信息熵的特性。Gini 系数描述的是数据的纯度，计算公式为：

$$\mathrm{Gini}(D)=1-\sum_{k=1}^{n}\left(\frac{|C_k|}{|D|}\right)^2 \tag{5-28}$$

CART 在每一次迭代中选择 Gini 系数最小的特征及其对应的切分点进行分类。但与 ID3、C4.5 不同的是，CART 是一棵二叉树，采用二元切割法，每一步将数据按特征 A 的取值切成两份，分别进入左右子树。特征 A 的 Gini 系数表示为：

$$\mathrm{Gini}(D|A)=\sum_{v=1}^{v}\frac{|D_v|}{|D|}\mathrm{Gini}(D_v) \tag{5-29}$$

ID3 和 C4.5 只能用于分类任务，而 CART 不仅可以应用于分类，而且可以应用于回归任务（回归树使用最小平方误差准则）。

5.6.4 代码实现

使用 Scikit-Learn 实现决策树，并使用 graphviz 将分类后的决策树画出（见图 5-9）。（**注意**：利用 conda 安装 graphviz 库时需要同时安装 Python-graphviz.）

```
# 源程序 5-6：决策树实现源程序
from sklearn import tree # 导入树
from sklearn.tree import DecisionTreeClassifier # 导入决策树分类器
from sklearn.datasets import load_iris # 导入鸢尾花数据集
from sklearn.model_selection import train_test_split # 为训练集测试集分类
from matplotlib import pyplot as plt # 用于画图
from sklearn.model_selection import GridSearchCV # 网格搜索
```

```
import pandas as pd
import graphviz # 用于画决策树，需要事先安装

import pydotplus

iris = load_iris( ) # 将数据集实例化
Xtrain,Xtest,Ytrain,Ytest = train_test_split(iris.data,iris.target,test_size=0.3)

clf = DecisionTreeClassifier( ) # 实例化模型，括号不填 criterion，默认是'gini'
clf = clf.fit(Xtrain, Ytrain) # 训练集
score = clf.score(Xtest, Ytest) # 评估数据集
feature_name = ['花萼长度','花萼宽度','花瓣长度','花瓣宽度']
dot_data = tree.export_graphviz(clf
                              ,feature_names = feature_name
       ,class_names=["青风藤","云芝","锦葵"] # 标签名字
       ,filled=True # 框框填充颜色（可以不写）
       ,rounded=True # 框框角是圆的（可以不写）
                               )
#graph = graphviz.Source(dot_data) # 导出树
graph = pydotplus.graph_from_dot_data(dot_data)
graph.write_png('./tree.png')
```

代码详见本书配套代码资源 DT.py。

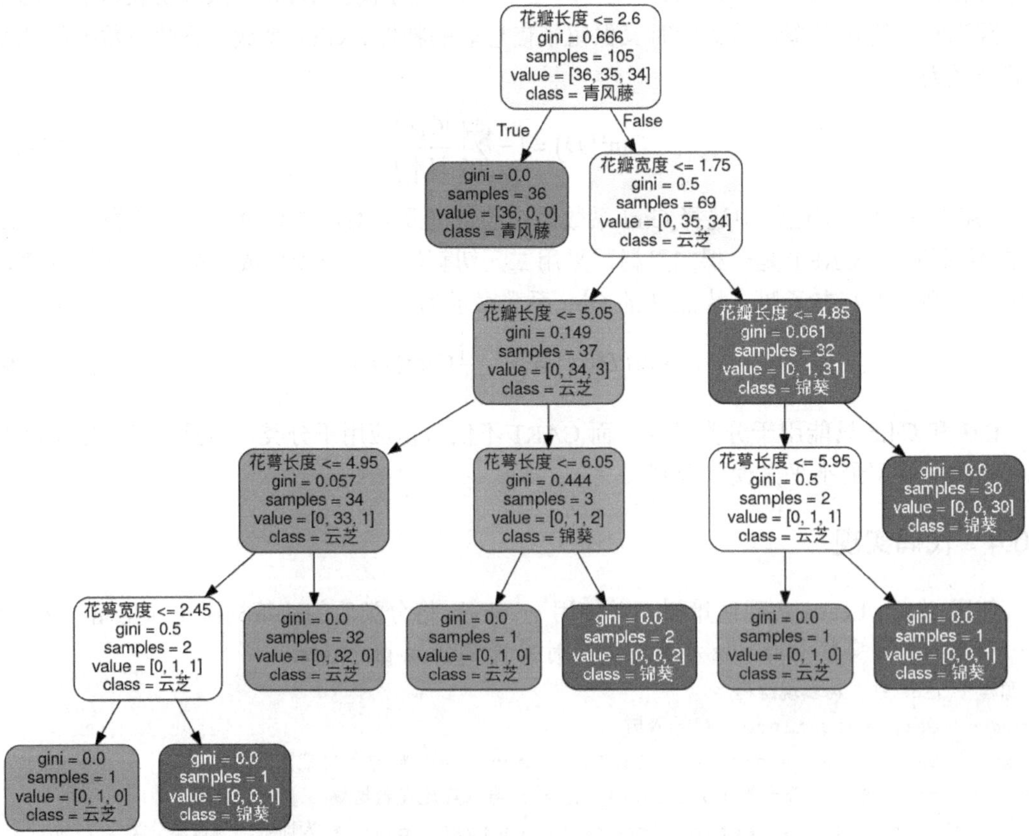

图 5-9　决策树可视化

5.7 随机森林

随机森林算法是一种集成学习算法。所谓集成学习，是指将多个弱分类器组合起来达到“三个臭皮匠，抵上一个诸葛亮”的效果。随机森林算法中的“森林”指的是该算法中包含的若干决策树，“随机”则是指对“森林”中的每棵决策树都随机选取一部分数据进行训练，即每棵树看待问题的角度都不一样，使得每棵决策树的输出相似但各有侧重点。通常，该类型的算法被归类为 Bagging 算法。

5.7.1 随机森林算法的一般流程

随机森林算法的一般流程如下。

（1）预设模型的超参数，例如森林中有几棵树？每棵树分别分为几层？这里的树又称基分类器。

（2）从训练集中随机采样数据来训练各个决策树，每次抽取 M 个样本的 N 个特征组成训练集，对步骤（1）中的决策树进行训练。

（3）将测试样本输入决策树分类器中进行结果整合。对于分类任务，将多个分类器输出结果的众数作为最终结果。对于回归任务，将多个分类器的结果取平均即可得到最终结果。

在随机森林算法中，最常用的基分类器是决策树，主要有 3 方面的原因。首先，决策树可以较为方便地将样本的权重整合到训练过程中，而不需要使用过采样的方法来调整样本权重。然后，决策树的表达能力和泛化能力可以通过调节树的层数来做折中。最后，数据样本的扰动使得决策树的输出出现差异，可以很好地为模型引入随机性。

5.7.2 代码实现

以鸢尾花数据集为例，演示随机森林算法。使用 Scikit-Learn，调用 RandomForestClassifier 模块即可实现对 Iris 样本的分类，其中的参数 n_estimators 可控制森林中树的数量，一般来说，该值越大，效果越好，但训练及测试过程越耗时。

```
# 源程序 5-7：导入随机森林的相关库文件
from sklearn.ensemble import RandomForestClassifier    # 导入随机森林的模块
# from sklearn.model_selection import train_test_split
from sklearn.preprocessing import StandardScaler   # 数据标准化
import numpy as np

from sklearn import datasets
iris_data = datasets.load_iris( )
iris_feature = iris_data.data[:151:2]
iris_target = iris_data.target[:151:2]

# 数据标准化
scaler = StandardScaler( )  # 标准化转换
# Compute the mean and std to be used for later scaling.
scaler.fit(iris_feature)  # 训练标准化对象
print(type(iris_target))
iris_feature = scaler.transform(iris_feature)   # 转换数据集
# feature_train, feature_test, target_train, target_test = train_test_split(traff
ic_feature, traffic_target,test_size=0.3, random_state=0)
```

```
# 数据训练
clf = RandomForestClassifier(n_estimators=10)
clf.fit(iris_feature, iris_target)

test_feature = np.array([5.5,3.5,1.3,0.2]).reshape(1,-1) # 变为一个矩阵，是 1 行，n 列，因为 n 值由最后的值来确定，所以这里采用-1
print (test_feature)
# scaler.fit(test_feature)  # 训练标准化对象
target_feature = scaler.transform(test_feature)  # 转换数据集
print (clf.predict(target_feature))
```

代码详见本书配套代码资源 RF.py。

5.8 梯度提升决策树

梯度提升决策树（Gradient Boosting Decision Tree，GBDT）算法是集成学习中的一种，属于 Boosting 算法。Bagging 算法每次都有放回地从原始数据集中抽取一部分来训练子分类器，每次产生的训练集有相同的概率分布。而 Boosting 算法每次抽取的数据样本分布都不相同，是在前一次分类器的预测基础熵上，针对性地增加被错误分类的样本的权重。Bagging 算法是并行的，而 Boosting 算法是串行的。

5.8.1 梯度提升决策树算法的一般流程

步骤 1：使用一个初始值来学习一棵决策树。

步骤 2：得到预测结果，并计算预测值与真实值的误差。

步骤 3：后面的决策树基于前面决策树的误差进行学习，直到预测值与真实值的差值为零。

步骤 4：在测试阶段，将所有决策树的预测值相加作为测试样本的预测值。

由 GBDT 算法的实现过程可知，该算法在预测阶段可以并行进行，但是在训练阶段是串行的。采用决策树作为弱分类器使得 GBDT 算法具有较好的解释性和健壮性，能够自动发现特征间的高阶关系。更重要是的，GBDT 算法并不需要对数据进行归一化等预处理。

5.8.2 梯度提升和梯度下降的区别

梯度是损失函数对需要求解的模型参数的导数。梯度方向是参数导数中绝对值最大的方向，梯度方向有两个，即梯度最大方向和梯度最小方向。

梯度下降：在参数空间中，梯度下降是指目标函数在当前点的取值下降（最小化目标函数），参数自身沿着负梯度的方向下降。梯度的负方向是局部下降最快的方向，梯度下降是目标函数对最优参数的搜索，其变量是参数。梯度下降是一种迭代方法，选取参数初值、学习率等参数，不断迭代，更新参数的值，进行损失函数的最小化。

梯度提升：梯度提升实际是指对于模型的目标函数在当前点的取值提升，

$$f_t(x) = -\alpha_t g_t(x) = -\alpha_t \times \left[\frac{\delta L(y, F(x))}{\delta F(x)}\right] F(x) = F_{t-1}(x)$$

式中，$f_t(x)$ 表示梯度变量，它是一个函数，通过当前函数的负梯度方向来更新函数以修正模型，使模型更优，最后累加的模型为近似最优函数。

GBDT 算法使用梯度提升进行训练，而线性回归和神经网络等使用梯度下降进行优化。表 5-2 所示梯度提升和梯度下降算法对比。

表 5-2 梯度提升和梯度下降算法对比

梯度提升	函数空间 F	$F = F_{t-1} - \rho_t \nabla_F L\|_{F=F_{t-1}}$	$L = \sum_i l\left[y_i, F(x_i)\right]$
梯度下降	参数空间 w	$w_t = w_{t-1} - \rho_t \nabla_w L\|_{w=w_{t-1}}$	$L = \sum_i l\left[y_i, f_w(w_i)\right]$

可以看出，在每次迭代中，两类算法均使用梯度进行模型更新。不同的是，梯度下降算法更新的是模型的参数，而梯度提升算法则直接更新函数，模型并不是以参数化的形式表达的，而是直接定义在函数空间中的，这大大扩展了可以使用的模型种类。

5.8.3 梯度提升决策树算法的实现

XGBoost 是陈天奇等人开发的一个开源机器学习项目，高效地实现了 GBDT 算法并进行了算法和工程上的许多改进，被广泛应用在 Kaggle 竞赛及其他许多机器学习竞赛中并取得了不错的成绩，也是目前工业界中比较流行的 GBDT 算法的工程实现。

原始的 GBDT 算法基于经验损失函数的负梯度来构造新的决策树，只是在决策树构建完成后再进行剪枝。而 XGBoost 在决策树构建阶段就加入了正则项，即

$$L_t = \sum_i l\left(y_i, F_{t-1}(x_i) + f_t(x_i)\right) + \Omega(f_t) \tag{5-30}$$

式中，$F_{t-1}(x_i)$ 表示现有的 t-1 棵树的最优解，正则项定义为：

$$\Omega(f_t) = \gamma T + \frac{1}{2}\lambda\sum_{j=1}^{T} w_j^2 \tag{5-31}$$

式中，T 表示叶子节点个数；w_j 表示第 j 个叶子节点的预测值。

5.8.4 代码实现

本实验基于 XGBoost 库进行实现，使用的数据集仍然是鸢尾花数据集。

```
# 源程序 5-8：梯度提升决策树实现源程序
from sklearn import datasets
from sklearn.model_selection import train_test_split
import xgboost as xgb
from sklearn import metrics

# 导入鸢尾花的数据
iris = datasets.load_iris( )
# 特征数据
data = iris.data[:100] # 有 4 个特征
# 标签
label = iris.target[:100]

# 提取训练集和测试集
# random_state:是随机数的种子
train_x, test_x, train_y, test_y = train_test_split(data, label, random_state=0)

dtrain = xgb.DMatrix(train_x, label = train_y)
```

```
dtest = xgb.DMatrix(test_x)

# dtrain = train_x
# dtest = test_x
# 参数设置
params={'booster':'gbtree',
    'objective': 'binary:logistic',
    'eval_metric': 'auc',
    'max_depth':4,
    'lambda':10,
    'subsample':0.75,
    'colsample_bytree':0.75,
    'min_child_weight':2,
    'eta': 0.025,
    'seed':0,
    'nthread':8,
     'silent':1}

watchlist = [(dtrain,'train')]

bst=xgb.train(params,dtrain,num_boost_round=100,evals=watchlist)
ypred=bst.predict(dtest)

# 设置阈值，输出一些评价指标
# 0.5 为阈值，ypred >= 0.5 输出 0 或 1
y_pred = (ypred >= 0.5)*1

# ROC 曲线下与坐标轴围成的面积
print ('AUC: %.4f' % metrics.roc_auc_score(test_y,ypred))
# 准确率、精确率、召回率
print ('ACC: %.4f' % metrics.accuracy_score(test_y,y_pred))
print ('Precesion: %.4f' %metrics.precision_score(test_y,y_pred))
print ('Recall: %.4f' % metrics.recall_score(test_y,y_pred))
# 精确率和召回率的调和平均数
print ('F1-score: %.4f' %metrics.f1_score(test_y,y_pred))
metrics.confusion_matrix(test_y,y_pred)
```

代码详细见本书配套代码资源 GBDT.py。

5.9 分类算法的评价指标

5.9.1 混淆矩阵

混淆矩阵（Confusion Matrix）其实是一张表格，表格中的每一项表示模型预测值和实际值之间的关系。以二分类为例，模型的预测结果和真实值之间有如下 4 种组合。

（1）真实值是 Positive，模型是 Positive 的数量（True Positive=TP）。

（2）真实值是 Positive，模型是 Negative 的数量（False Negative=FN）。

（3）真实值是 Negative，模型是 Positive 的数量（False Positive=FP）。

（4）真实值是 Negative，模型是 Negative 的数量（True Negative=TN）。

用一张表格表示这 4 种组合，如表 5-3 所示。

表 5-3 混淆矩阵

项目		真实值	
		Positive	Negative
预测值	Positive	TP	FP
	Negative	FN	TN

5.9.2 精确率

精确率（Precision），也叫作查准率或精度，指所有预测为正的样本中，真实结果也为正的样本所占的比例。

$$P = \frac{\text{TP}}{\text{TP} + \text{FP}} \tag{5-32}$$

5.9.3 召回率

召回率（Recall），也叫作查全率，指所有真实值为正的样本中，预测正确的比例。

$$R = \frac{\text{TP}}{\text{TP} + \text{FN}} \tag{5-33}$$

在 Scikit-Learn 中，可以调用 Metrics 类中相应的函数求精确率和召回率等指标。

```
# 源程序 5-9：预测结果（精确率和召回率）源代码
from sklearn import metrics
y_pred = [0, 1, 0, 0, 1, 1, 0] # 预测结果
y_true = [0, 1, 0, 1, 0, 1, 1] # 真实标签
print(metrics.precision_score(y_true, y_pred))
print(metrics.recall_score(y_true, y_pred))
```

运行结果：0.666666，0.5

5.9.4 ROC

在实际应用中，正负样本的比例往往是不同的。例如，在疾病诊疗和异常检测中，阳性样本的数量通常较少，传统的准确率指标难以衡量系统的性能。例如，有 100 个样本，其中有 10 个正样本，90 个负样本。如果模型不加区分地将所有样本都预测为负样本，那么系统的准确率高达 90%。但是这个指标是没有意义的，因为模型并没有起作用。因此，需要有一个指标来衡量模型在样本不平衡情况下的性能。

ROC（受试者操作特征）曲线可以在正负样本不平衡的情况下衡量模型性能。ROC 曲线的横纵坐标分别为 FPR（FP 的比例）和 TPR（TP 的比例）。模型认为某个样本有多大概率属于正样本（或负样本）跟阈值直接相关，如果设置不同的阈值（当概率大于该值时预测为正），那么 TPR 和 FPR 是动态变化的，因此可以得到一系列的 FPR 和 TPR 的值。曲线下的面积即 ROC 的值，该值越大说明判别的准确率越高。

使用代码可求 ROC 值，只需要输入样本的真实标签 y，以及模型输出的对应样本属于正样本的概率 scores，即可得到该模型的 ROC 值。

```
# 源程序 5-10：ROC
import numpy as np
```

```
from sklearn import metrics
import matplotlib.pyplot as plt
y = np.array([1, 1, 2, 2, 1, 2, 1, 2, 1, 1, 2, 2])
scores = np.array([0.1, 0.4, 0.35, 0.8, 0.4, 0.9, 0.8, 0.7, 0.33, 0.21, 0.58, 0.7
7])
fpr, tpr, thresholds = metrics.roc_curve(y, scores, pos_label=2)

# ROC 的输入很简单，就是 FPR, TPR 值
ROC = metrics.auc(fpr, tpr)
# 画图
plt.figure( )
lw = 2
plt.plot(fpr, tpr, color='darkorange',
         lw=lw, label='ROC curve (area = %0.2f)' % ROC)
plt.plot([0, 1], [0, 1], color='navy', lw=lw, linestyle='—')
plt.xlim([0.0, 1.0])
plt.ylim([0.0, 1.05])
plt.xlabel('False Positive Rate')
plt.ylabel('True Positive Rate')
plt.title('Receiver operating characteristic example')
plt.legend(loc="lower right")
plt.show( )
```

代码详见本书配套代码资源 metric_ROC.py。

ROC 曲线如图 5-10 所示。

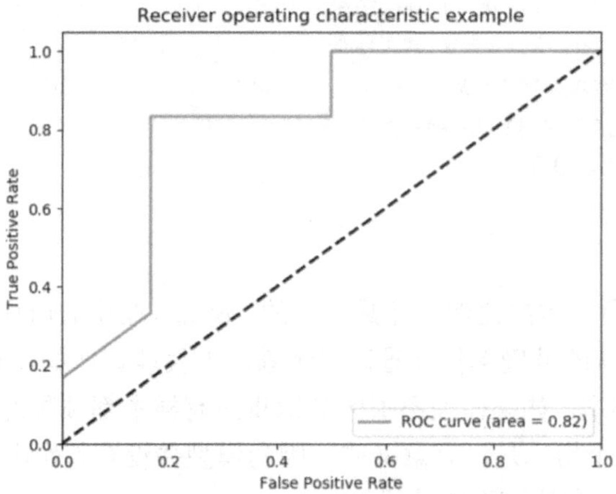

图 5-10　ROC 曲线

5.10　回归算法的评价指标

5.10.1　偏差和方差

偏差（Bias）：描述的是预测值（估计值）的期望值与真实值之间的差距。偏差越大，越偏离真实数据。

方差（Variance）：描述的是预测值的变化范围、离散程度，也就是离其期望值的距离。方差越大，数据的分布越分散。

如图 5-11 所示，偏差表示预测值（蓝色小球）离真实值（红色小球）有多远，而方差可以反映出预测值的离散程度。

一般来说，偏差与方差是有冲突的，这称为偏差-方差窘境。图 5-12 所示为偏差-方差窘境示意图。刚开始训练时，学习器的拟合能力较差，此时偏差较大，但是方差较小，方差主导了泛化错误率。随着训练的进行，学习器的拟合能力逐渐增强，偏差减小，方差增大，逐渐主导泛化错误率。随着训练的进行，模型的泛化误差逐渐减小，但是会造成过拟合现象，使得模型在训练数据上的表现太好而导致过拟合现象的发生。因此，在训练模型时，合理地控制模型训练程度是非常重要的。

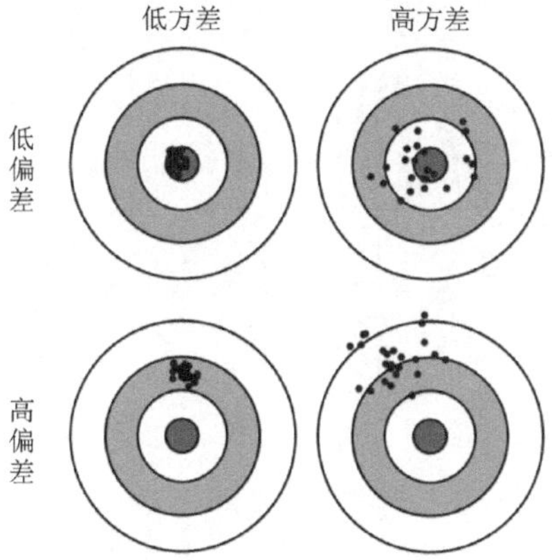

图 5-11　偏差和方差的区别

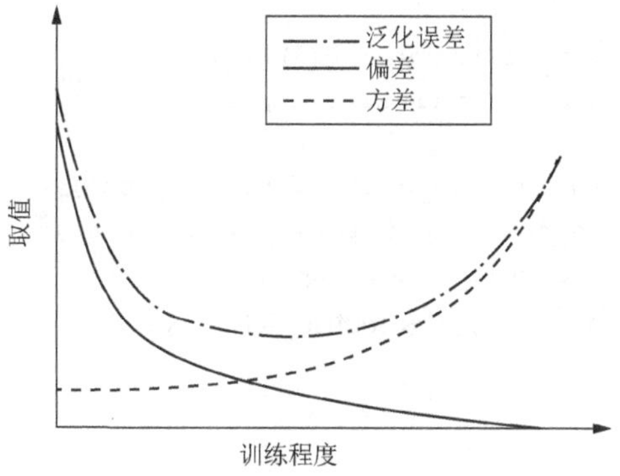

图 5-12　偏差-方差窘境示意图

彩色图

5.10.2　均方误差

均方误差（Mean Squared Error，MSE）是指参数估计值与参数真值之差平方的期望值。MSE 是衡量“平均误差”的一种比较方便的方法，MSE 可以评价数据的变化程度，MSE 的值越小，说明预测模型描述实验数据具有越高的精确度。该统计参数是预测数据和原始数据对应点误差的平方和的均值。

$$\text{MSE}=\frac{1}{n}\sum_{i=1}^{m}\left(y_i-\hat{y}_i\right)^2 \tag{5-34}$$

5.10.3　平均绝对误差

平均绝对误差（Mean Absolute Error，MAE）是绝对误差的平均值，它其实是更一般形式的误差平均值。

$$\text{MAE}=\frac{\sum_{i=1}^{n}|y_i-\hat{y}_i|}{n} \tag{5-35}$$

MAE 的范围为[0,+∞)，当预测值与真实值完全吻合时，MAE 等于 0，即完美模型；误差越大，该值越大。

5.10.4　R-squared

R-squared（R^2）是一种标准化的评价方式，结果在 0～1 之间，用来评价模型的好坏。

$$R^2 = 1 - \frac{SS_{residual}}{SS_{total}} = 1 - \frac{\sum_{i=1}^{n}(y_i - \hat{y}_i)^2}{\sum_{i=1}^{n}(y_i - \overline{y}_i)^2} \tag{5-36}$$

式中，$SS_{residual}$ 表示模型原始数据值与预测数据值之间误差的平方和；SS_{total} 表示原始数据值与其平均值之差的平方和。

对于以上指标，可以直接通过 Scikit-Learn、Metrics 中的相关函数求出，例如：

```
# 源程序 5-11：R-squared
from sklearn import metrics
import random
# 随机产生两组数
y_true = random.sample(range(0,100),20)
y_pred = random.sample(range(0,100),20)

print(metrics.mean_squared_error(y_true,y_pred))
print(metrics.mean_absolute_error(y_true,y_pred))
print(metrics.r2_score(y_true,y_pred))
```

代码详见本书配套代码资源 metric_REG.py。

课后习题

一、填空题

1．当数据线性不可分时，需要首先使用（　　）将数据映射到某个线性可分的高维空间中，将问题转化为线性可分问题。

2．支持向量机可以分为线性和非线性两大类。其主要思想为找到空间中的一个能够将所有数据样本划开的（　　），并且使得样本集中的数据到这个超平面的距离（　　）。

3．逻辑回归是（　　）算法，具有简单、可解释性强等特点。

4．利用（　　）推断事件发生概率的过程称为贝叶斯推理。

5．常用的决策树算法有（　　），它们的主要区别在于构建过程中采用不同的准则衡量一棵决策树的好坏。

6．熵用来表示随机变量的（　　）程度。

7．信息是对（　　）的消除，消除的不确定性越多，获得的信息量就（　　）。

8．随机森林算法是一种（　　）算法。

9．（　　）表示预测值与真实值的差值，而（　　）可以反映出预测值的离散程度。

10．回归算法的评价指标有方差、偏差、（　　）、（　　）和 R-squared。

二、判断题

1．逻辑回归是回归算法。（　　）

2．逻辑回归只可以用于二分类问题。（　　）

3．过拟合即过分拟合了训练数据，使得模型的复杂度提高，泛化能力较强（对未知数据的预测能力），欠拟合则是模型无法很好地拟合所有数据，拟合能力较差。（　　）

三、简答题

1．阐述逻辑回归模型的构建步骤。

2．正则化的作用是什么？

项目 6

神经网络的构建和训练

教学导航

知识目标	1. 掌握神经元 2. 了解感知机网络结构 3. 掌握与、或、非门的真值表 4. 理解感知机的实现代码 5. 了解感知机的局限性 6. 了解多层感知机的原理结构
职业技能目标	1. 能够复述感知机的原理及与其局限性的关系 2. 能够读懂感知机与、或、非门的逻辑代码
知识重点	1. 与、或、非门的实现 2. 多层感知机的训练
知识难点	能够读懂感知机与、或、非门的逻辑代码
推荐学习方法	利用思维导图梳理各个知识点之间的关系，针对关键的知识点要结合代码进行技能训练，边学边做

知识导图

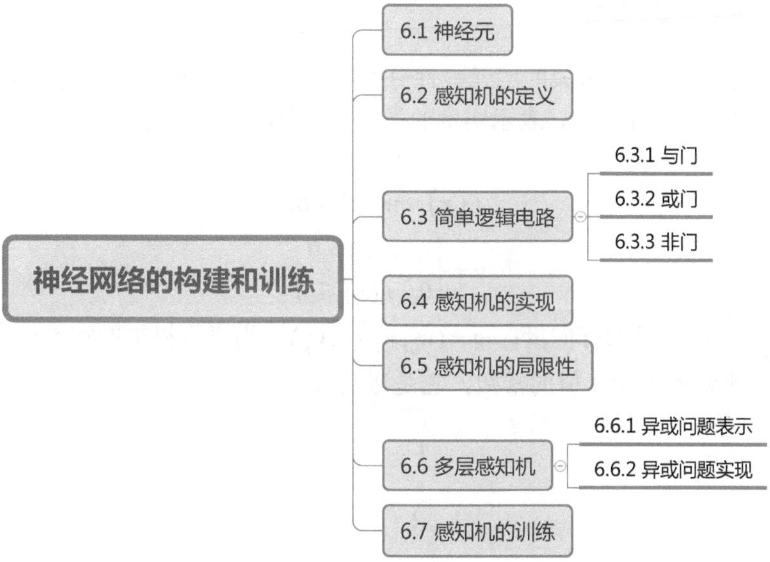

深度学习是人工智能发展的基础，深度学习的实现依赖于人工神经网络，人工神经网络中的复杂网络结构是由大量神经元组成的，而感知机则是人工神经网络的基本功能单元。罗森布拉特于 1957 年提出感知机的模型，其理论基础源自 M-P 神经元模型，感知机的实质是可实现二元分类。

6.1 神经元

感知机的最基本成分是神经元，神经元相当于人类神经系统中的神经细胞，用于信息的收集、处理及传递。神经元模型如图 6-1 所示。

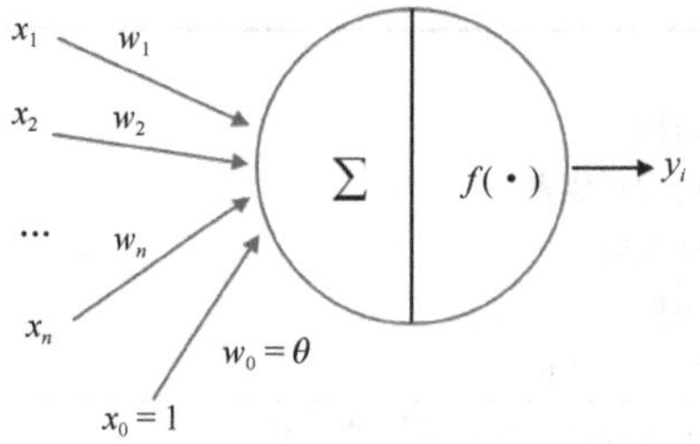

图 6-1　神经元模型

图 6-1 中 $x_1 \sim x_n$ 是从其他神经元收集的输入信号，$w_1 \sim w_n$ 分别是输入信号的权重，θ 表示一个阈值，或称为偏置项（Bias），偏置项的设置是为了正确分类样本，是模型中一个重要的参数。神经元对输入信号和偏置项（符号为−1~1）进行相加处理，产生当前神经元的处理信号，该信号通过激活函数 $f(\cdot)$ 触发当前神经元的 y_i（两种状态 1 或−1）。激活函数的主要作用是加入非线性因素，解决线性模型的表达、分类能力不足的问题。

6.2 感知机的定义

感知机是由两层神经元组成的二元线性分类器，将输入实例的特征向量 $\boldsymbol{x}$ 映射到输出值 $f(\boldsymbol{x})$ 上，输出值是一个二元的值，表示实例的类别，两个输入神经元的感知机网络结构如图 6-2 所示。

$$f(\boldsymbol{x})=\boldsymbol{w}\cdot\boldsymbol{x}^{\mathrm{T}}+b \tag{6-1}$$

$$y=\begin{cases}1, & f(\boldsymbol{x})>0\\0, & f(\boldsymbol{x})\leqslant 0\end{cases} \tag{6-2}$$

式中，$\boldsymbol{x}=(x_0,x_1,\cdots,x_n)$，为行向量；$\boldsymbol{w}=(w_0,w_1,\cdots,w_n)$，为表示权重的实数行向量；$b$ 表示偏置项，b 是一个不依赖于输入值的常数，它是激活阈值。

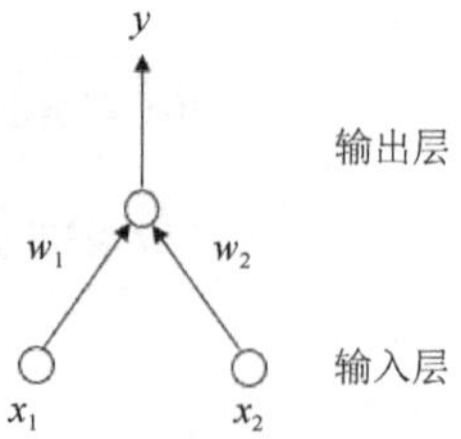

图 6-2　两个输入神经元的感知机网络结构

例如，用一个向量 $\boldsymbol{x}$=[0.78 0.26 0.34 0.51]分别表示土壤的湿度、酸碱度、通气性、微生物量指标，这些指标对该土壤是否适合耕种玉米的权重分别为 $\boldsymbol{w}$ =[0.2 0.3 0.25 0.25]，偏置项为−0.5，激活函数为阶跃函数，可表示为式（6-3）的形式。

$$f(\boldsymbol{x})=\begin{cases}1, \boldsymbol{x} \geqslant 0 \\ 0, \boldsymbol{x}<0\end{cases} \tag{6-3}$$

当 $f(\boldsymbol{x})=1$ 时表示该土壤适合耕种玉米，$f(\boldsymbol{x})=0$ 时表示该土壤不适合耕种玉米，这属于二元分类问题。通过一个感知机，可以得到：

$$\boldsymbol{w} \cdot \boldsymbol{x}^{\mathrm{T}}+b=\begin{bmatrix}0.2 & 0.3 & 0.25 & 0.25\end{bmatrix}\begin{bmatrix}0.78 \\ 0.26 \\ 0.34 \\ 0.51\end{bmatrix}-0.5=-0.0535 \tag{6-4}$$

由于−0.0535<0，故输出 $f(\boldsymbol{x})$ 为 0，即该土壤不适合耕种玉米。

可以看到，感知机接收多个输入信号，通过神经元的计算，得到一个输出信号，该输出信号只有“0”和“1”两个取值，这属于二元分类问题。

6.3　简单逻辑电路

感知机适用于解决二元分类问题，以两个输入神经元和一个输出神经元组成的感知机为例，可以实现简单逻辑电路，给门电路两个输入信号，得到门电路对输入信号的响应，即门电路输出，感知机能够很容易地实现逻辑与、或、非运算。

6.3.1　与门

输入信号和输出信号的对应表称为“真值表”。与门电路的真值表如表 6-1 所示。

表 6-1　与门电路的真值表

x_1	x_2	y
0	0	0
1	0	0
0	1	0
1	1	1

仅在两个输入信号均为 1 时，与门输出信号为 1，其他情况输出信号为 0。使用感知机来表示这个与门，需要设置能够满足真值表 6-1 的参数值，即 $\boldsymbol{w}$ 和 b 的值。实际上满足表 6-1 的条件的参数选择有无数多个，根据式（6-1）的形式进行计算，若令 $\boldsymbol{w}$=[1 1]，b=−1，则可表达为 $f(\boldsymbol{x})=x_1+x_2-1$，仅在 $x_1=x_2=1$ 时，$f(\boldsymbol{x})=1$，根据式（6-2），y=1，其他情况下，y 均为 0；当 $\boldsymbol{w}$=[0.5 0.5]，b=−0.5 时，也能达到同样的效果。

6.3.2　或门

或门电路的真值表如表 6-2 所示。

表 6-2　或门电路的真值表

x_1	x_2	y
0	0	0

续表

x_1	x_2	y
1	0	1
0	1	1
1	1	1

在两个输入信号均为 0 时，或门输出信号为 0，其他情况输出信号为 1。使用感知机表示或门，需要设置能够满足真值表 6-2 的参数值，若令 $\boldsymbol{w}$=[1, 1]，b=0，则可表达为 $f(\boldsymbol{x})=x_1+x_2$，仅在 $x_1=x_2=0$ 时，$f(\boldsymbol{x})=0$，$y=0$，其他情况下 $f(\boldsymbol{x})>0$，y 均为 1。同理，满足或门的参数选择也有无数种。

6.3.3 非门

非门电路的真值表如表 6-3 所示。

表 6-3 非门电路的真值表

x_1	x_2*	y
0	0	1
0	1	1
1	0	0
1	1	0

（注：*表示 x_2 可以取任意值。）

非门的输出信号是将输入信号取相反信号，输入信号为 0 时，输出信号为 1，输入信号为 1 时，输出信号为 0。使用感知机表示非门，需要设置能够满足真值表 6-3 的参数值，若令 $\boldsymbol{w}$=[-1 0]，b=0.5，则该非门可表达为 $f(\boldsymbol{x})=-x_1+0.5$，当 $x_1=0$ 时，$f(x)=0.5$，根据式（6-2），$y=1$，当 $x_1=1$ 时，$f(\boldsymbol{x})=-0.5$，$y=0$。同理，满足非门的参数选择也有无数种。

6.4 感知机的实现

为了加强代码的编辑能力，这里使用 Python 实现以上简单逻辑电路。

1．与门函数代码实现

```
# 源程序 6-1：与门实现代码
import numpy as np
def AND(x1,x2):
    w = np.array([1,1])
    x = np.array([x1,x2])
    b = -1
    y = np.sum(w*x) + b
    if y > 0:
        return 1
    else:
        return 0
print("与门:")
print(AND(0,0))
print(AND(0,1))
```

函数内部初始化参数 w 和 b，接收输入信号 x_1 和 x_2，根据 x_1 和 x_2 的值返回 0 或 1。

```
AND(0,  0)  # 输出 0
AND(1,  0)  # 输出 0
AND(0,  1)  # 输出 0
AND(1,  1)  # 输出 1
```

2. 或门函数代码实现

```
# 源程序 6-2：或门实现代码
import numpy as np
def OR(x1,x2):
    w = np.array([1,1])
    x = np.array([x1,x2])
    b = -0.5
    y = np.sum(w*x) + b
    if y > 0:
        return 1
    else:
        return 0
print("或门:")
print(OR(0,0))
```

3. 非门函数代码实现

```
# 源程序 6-3：非门实现代码
import numpy as np
def NOT(x1,x2):
    w = np.array([-1,-0])
    x = np.array([x1,x2])
    b = 0.5
    y = np.sum(w*x) + b
    if y > 0:
        return 1
    else:
        return 0
print("非门:")
print(NOT(0,0))
```

以上与门、或门、非门是具有相同构造的感知机，区别只在于权重参数的值。构造一个感知机结构，通过设置输入信号的权重参数和偏置项参数，就可实现与门、或门、非门这样的简单逻辑电路。

6.5 感知机的局限性

感知机由两层神经元组成，分别是输入层和输出层，只有输出层神经元进行加权求和及非线性激活函数处理，即感知机只拥有一层功能神经元，因此感知机也称单层感知机。感知机受限于单层功能神经元的建模能力，学习能力非常有限，只能解决线性可分的问题，难以处理复杂的任务，如著名的逻辑异或问题在感知机中是无法实现的。

逻辑异或问题的真值表如表 6-4 所示。

表 6-4　逻辑异或问题的真值表

x_1	x_2	y
0	0	0
1	0	1
0	1	1
1	1	0

之所以说感知机无法解决异或问题，是因为不能在异或情况下由 x_1，x_2 组成的平面中找到一条直线，将输出 y 进行分类。

异或问题示意图如图 6-3 所示。在 x_1，x_2 组成的平面中，用一条直线是无法将“○”和“△”分开的。感知机的局限性就在于它只能表示由一条直线分割的空间，所以，要解决异或问题这样的线性不可分问题，需要考虑使用多层功能神经元，增强模型的表达能力。

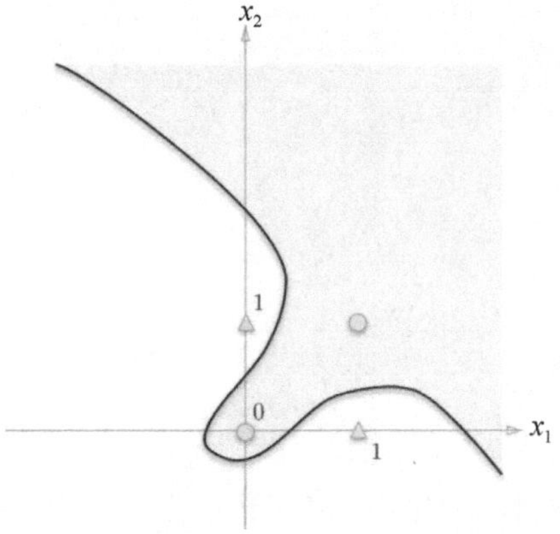

图 6-3　异或问题示意图

6.6　多层感知机

多层感知机至少包括 3 层神经元：输入层、隐藏层和输出层。除输入层外，每层都是使用非线性激活函数的神经元。多层感知机通过多次非线性映射，将线性不可分问题的数据映射到线性可分的空间，克服了感知机不能处理线性不可分问题的弱点。

多层感知机就是多层神经网络。多层感知机的结构图如图 6-4 所示。

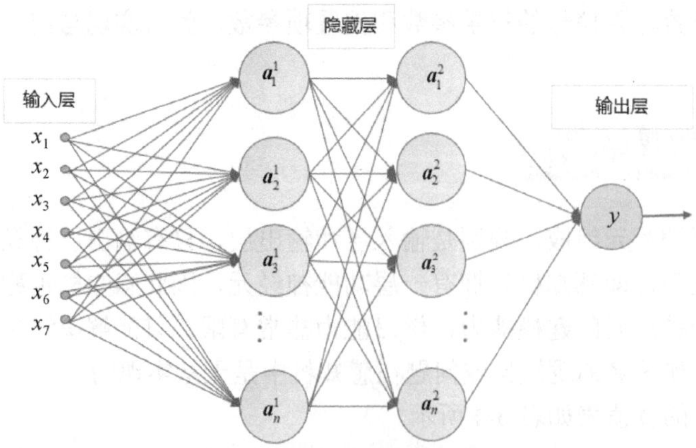

图 6-4　四层感知机的结构图

6.6.1 异或问题表示

通过两层感知机即可解决异或问题，如图 6-5 所示。

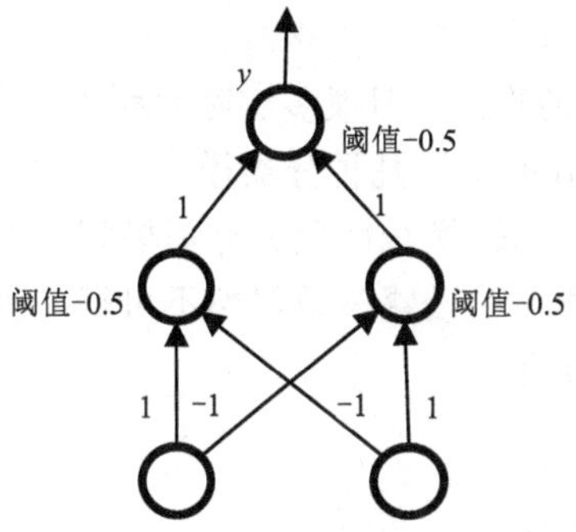

（a）网络结构

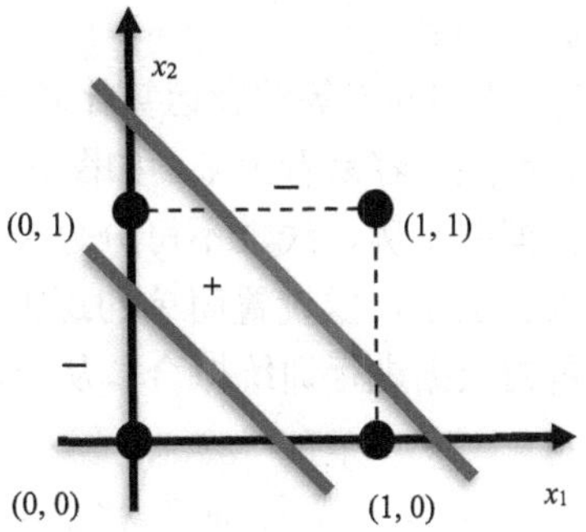

（b）分类区域

图 6-5　能解决异或问题的两层感知机

图 6-5（a）所示为解决异或问题的两层感知机的网络结构，图 6-5（b）所示为使用两层感知机对异或问题进行分类画出的分类区域。在该两层感知机网络中，参数设置为 $\boldsymbol{w}_{11}$=[1 −1]，b_{11}=−0.5，$\boldsymbol{w}_{12}$=[−1 1]，b_{12}=−0.5，$\boldsymbol{w}_2$=[1 1]，b_2=−0.5，则 $y=g(x_1-x_2-0.5)+g(-x_1+x_2-0.5)-0.5$，其中 $g(\boldsymbol{x})$表示阶跃信号。当 x_1 和 x_2 的取值同时为 0 或 1 时，y 输出 0，当 x_1 和 x_2 取值不同（0 或 1）时，y 输出 1。

6.6.2 异或问题实现

异或函数代码实现如下。

```
# 源程序 6-4：异或门实现代码
import numpy as np
def XOR(x1,x2):
    w11 = np.array([1,-1])
    w12 = np.array([-1,1])
    x = np.array([x1,x2])
    b11 = -0.5
    b12 = -0.5
    y11 = np.sum(w11*x) + b11
    y12 = np.sum(w12*x) + b12
    if y11 >= 0:
        y11 = 1
    else:
        y11 = 0
    if y12 >= 0:
        y12 = 1
    else:
        y12 = 0
    w2 = np.array([1,1])
    y1 = np.array([y11,y12])
    b2 = -0.5
    y = np.sum(w2*y1) + b2
    if y >= 0:
```

```
        return 1
    else:
        return 0
print("异或门:")
print(XOR(0,0))
```

与、或、非和异或等逻辑运算比较容易画出分类的直线，但很多实际问题中，分类的直线或超平面并不能很容易看出来，如图 6-6 所示。图 6-6 所示为几种分类模型的示例图，包括线性可分分类模型示例、线性不可分分类模型示例及坐标转换线性可分分类模型示例。这些分类超平面难以确定，像设置简单的逻辑运算问题一样手动设置参数显然不可行，因此通常需要使用大量的数据进行训练拟合，从而确定网络的参数。

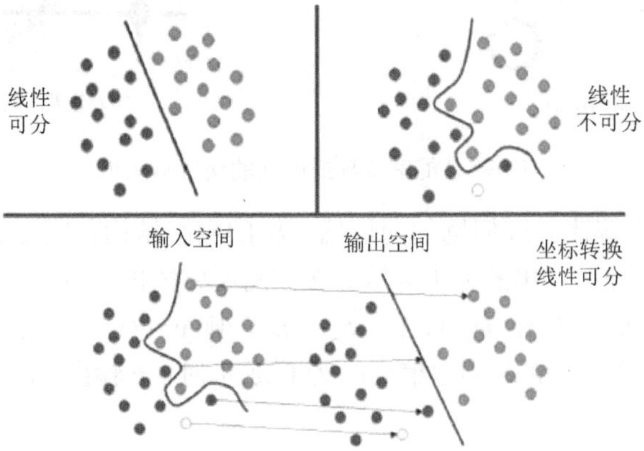

图 6-6　几种分类模型的示例图

6.7　感知机的训练

通常使用感知机训练算法对给定数据集进行感知机训练，训练的基本流程是先提供训练样本并通过网络前向传播，再计算输出误差。感知机训练过程需要对感知机的权重参数 $\boldsymbol{w}$ 和偏置项 b 进行更新调整，以满足数据集的不同分布。

感知机的参数更新规则通过求解梯度得到，更新公式见式（6-5）和式（6-6）。

$$\boldsymbol{w} \leftarrow \boldsymbol{w} + \eta \Delta y_i \boldsymbol{x}_i \tag{6-5}$$

$$b \leftarrow b + \eta \Delta y_i \tag{6-6}$$

式中，参数η用于调整感知机的学习率，确定感知机分类错误时的调整幅度。参数 $\boldsymbol{x}_i$ 是第 i 组输入样本，Δy_i 是对应的预测值与真实值的误差。如在二元分类问题中，当样本标签为 1 时，如果感知机预测结果也为 1，那么误差Δy_i 为 0；如果感知机预测的结果为 0，那么误差Δy_i 为 1。

有了训练感知机的学习机制，就不用掌握太多的先验知识，只需要给定训练集的样本及其对应的标签，通过对感知机进行训练，就可以得到上述的简单逻辑电路的运算模型了。以下代码展示了如何通过感知机进行与、或、非 3 种基本逻辑运算。

```
# 源程序 6-5
import numpy as np
# 定义激活函数
def activate(X):
    X[X > 0], X[X <= 0] = 1, 0
    return X
```

```
# 定义偏置项
def add_bias(X):
    if X.ndim ==1:
        X = X.reshape(len(X), 1)
    return np.hstack([X, np.ones((len(X), 1))])
# 定义训练感知机的函数
def train(X, Y, eta=0.2):
    # 初始化权重向量，其中包含偏置项权重
    w = np.zeros(X.shape[1])
    # 开始权重训练过程
    while True:
        # 计算样本预测值与标签的误差
        delta = Y - predict(w, X)
        if (abs(delta) > 0).any( ):
            # 更新权重及偏置项
            w += eta * np.sum((delta * X.T).T,axis=0)
        else:
            # 返回训练后的权重
            return w

# 定义预测结果
def predict(w, X):
    return activate(w.dot(X.T))

# 将传入的数据进行训练，并将数据打乱后进行测试
def train_and_evaluate(X, Y, X_test, Y_test, eta=0.1):
    # 加入偏置项
    X_bias = add_bias(X)
    # 执行训练并返回参数
    w = train(X_bias, Y, eta=eta)
    # 输出训练参数
    info = ' '.join(['权重%d: %.4f\n' % (i+1, w) for i,w in enumerate(w[:-1])])
    info += '偏置项:%.4f\n' % w[-1]
    print(info)
    # 评估训练结果
    X_test_bias = add_bias(X_test)
    Y_pred = predict(w, X_test_bias)
    # 输出测试标签与预测结果
    print('正确的标签为:Y=%s' % Y_test)
    print('预测的标签为:Y=%s' % Y_pred)
    print('错误的样本数目为%d 个' % np.count_nonzero(Y_test - Y_pred))

# 构造数据训练集与测试集
def prepare_data(data_type='and'):
    data_type = data_type.lower( )
    if data_type in ['and', 'or']:
        X = np.asarray([[1, 1],
            [1, 0],
            [0, 1],
```

```
            [0, 0]])
        Y = np.asarray([1,0,0,0] if data_type == 'and' else [1,1,1,0])
    elif data_type == 'not':
        X = np.asarray([0, 1])
        Y = np.asarray([1, 0])
# 随机打乱输入矩阵 X 和标签 Y
    idx = np.arange(len(X))
    np.random.shuffle(idx)
    X_test = X[idx]
    Y_test = Y[idx]
    print('X:\n%s\nY:\n%s\nX_test:\n%s\nY_test:\n%s\n' % (X, Y, X_test, Y_test))
    return X, Y, X_test, Y_test

# 与运算数据
X, Y, X_test, Y_test = prepare_data('and')
train_and_evaluate(X, Y, X_test, Y_test, eta=0.25)

# 或运算数据
X, Y, X_test, Y_test = prepare_data('or')
train_and_evaluate(X, Y, X_test, Y_test, eta=0.02)

# 非运算数据
X, Y, X_test, Y_test = prepare_data('not')
train_and_evaluate(X, Y, X_test, Y_test, eta=0.1)
```

代码详见本书配套代码资源 perceptron.py。

课后习题

一、选择题

1．若想排除某概念，以缩小搜索范围，则可使用逻辑关系（　　）。

A．与　　B．或　　C．非　　D．异或

2．具有相近含义的同义词或同族词在构成检索策略时应该使用（　　）运算符予以组配。

A．逻辑与　　B．逻辑或　　C．逻辑非　　D．位置

3．感知机的实质是实现（　　）。

A．非线性　　B．二分类　　C．回归　　D．聚类

二、简答题

1．阐述感知机的局限性。

2．讨论“异或”问题是如何在多层感知机中被克服的。

三、计算题

假设输入向量：$\boldsymbol{X}_1$=[0 0 1 1]，$\boldsymbol{X}_2$=[0 1 0 1]，输出向量：$\boldsymbol{Y}$=[0 1 1 1]，$\boldsymbol{w}_1(0)=0.2$，$\boldsymbol{w}_2(0)=0.4$，$\boldsymbol{\theta}(0)=0.3$，$\eta=0.4$，请用单层感知机完成逻辑或运算的学习过程。

项目 7

手写数字识别

教学导航

知识目标	1. 掌握图像处理中的卷积运算原理 2. 了解卷积神经网络的基本结构 3. 了解卷积神经网络中超参数的意义和作用 4. 掌握卷积神经网络每层输出的特征图尺寸的计算方法 5. 理解卷积神经网络各层网络代码 6. 理解序贯模型及网络训练过程 7. 了解常见的几种深度神经网络 8. 掌握卷积神经网络实现图像分类的基本操作
职业技能目标	1. 能够计算图像经过每一层网络的尺寸变化 2. 能够读懂卷积神经网络的实现代码
知识重点	卷积神经网络的实现
知识难点	理解多通道卷积的前向及反向传播计算
推荐学习方法	结合代码理解网络各层的计算公式，并通过实例理解多种深度神经网络及手写数字识别

知识导图

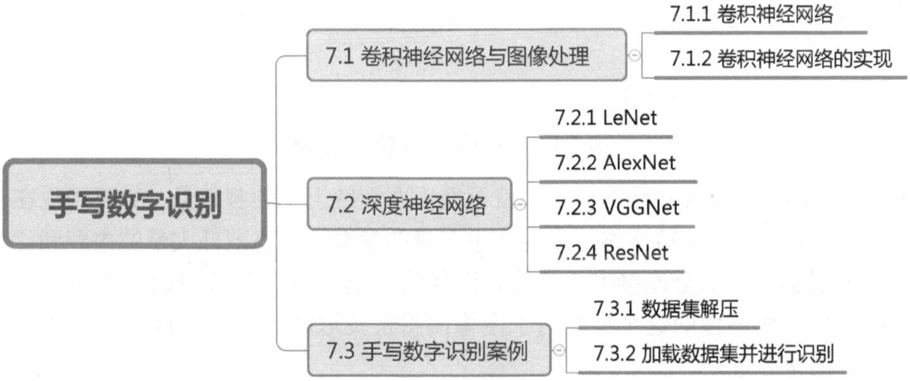

卷积神经网络是深度学习中较为常见的网络结构模型，常用于计算机视觉领域，在实际应用场景中发挥了强大的作用。卷积神经网络是多层感知机的变种，经由生物学家休博尔和维瑟尔早期关于猫视觉皮层的研究发展而来。视觉皮层的细胞存在一个复杂的构造，这些细胞对视觉输入空间的子区域非常敏感，这块子区域称为特定神经细胞的感受野。

7.1 卷积神经网络与图像处理

图像是由大量排列规则的像素点构成的，彩色图像中的每个像素点有 3 个特征通道，即 RGB 三原色，而灰色图像只有一个特征通道，是 RGB 特征值的加权和。此外，描述一幅图像的参数还有图像的宽度和高度，它们的乘积就是图像的分辨率。

对一幅大小为 10×10×1 的灰色图像，使用多层感知机（全连接网络）进行二元分类处理，如图 7-1 所示。根据任务需求可知，多层感知机的输入层所包含的神经元数量为 10×10=100，我们尽可能地简化模型，这里使用两个隐藏层，而在该隐藏层对应的特征空间，假定将图像映射为 15 维特征向量，那么这个多层感知机模型的参数量为 100×15 +15 + 15×15 + 15 + 1×15 + 1=1771。

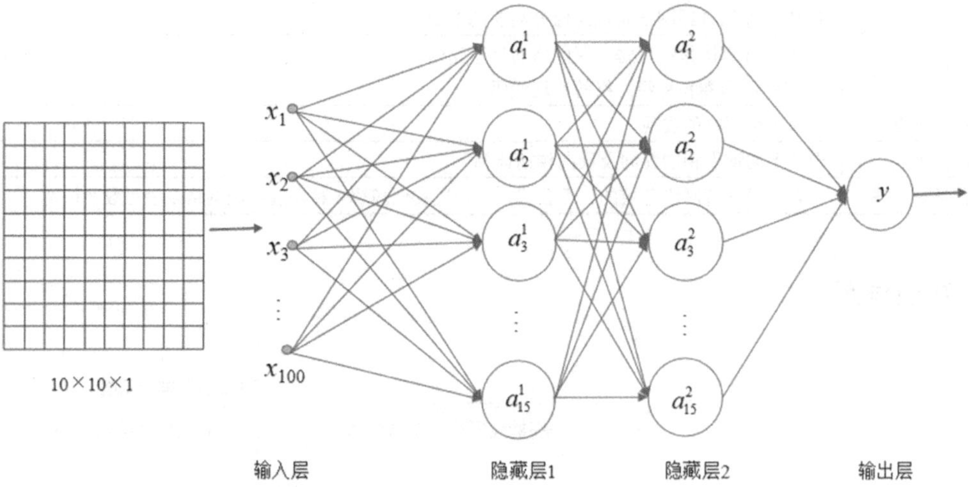

图 7-1 多层感知机网络示意图

仅仅是这样简单的任务和网络模型，就已经需要训练上千的参数量，更不用说在实际应用中的复杂任务，若采用全连接网络，则将产生海量的参数，必将消耗大量的内存和计算资源。

此外，多层感知机的全连接方式将输入图像直接展开为一条长向量，丢失了图像本身的局部空间相关性，而图像的这个特性对于图像的特征提取和识别非常重要。因此，传统的神经网络不适合图像处理。

7.1.1 卷积神经网络

卷积神经网络（CNN）中发挥关键作用的是卷积操作。卷积源于信号处理领域，反映一个信号（函数）对另一个信号的响应，通常也叫作滤波。卷积也分为连续卷积和离散卷积，由于图像数据是离散的，因此在图像处理中通常使用离散卷积。卷积能够利用图像的局部空间相关性特性来提高处理性能，在减少网络参数的同时提取图像局部特征。

两个离散函数 f 和 g 的卷积运算计算公式见式（7-1）。

$$(f*g)[n]=\sum_{m=-\infty}^{\infty}f[m]g[n-m]=\sum_{m=-\infty}^{\infty}f[n-m]g[m] \tag{7-1}$$

1．卷积核

在网络的卷积层中，输入二维数据和核（Kernel）数组，二维数据一般是图像或从图像中提取的特征值，核数组就是卷积核。卷积核进行卷积运算的过程如图 7-2 所示。

1	0	1
0	1	0
1	0	1

（a）3×3 大小的卷积核

2	1	3	0	4
1	4	2	0	5
3	0	4	3	2
2	5	1	2	1
2	3	1	1	2

（b）5×5 的输入图像

16	6	13
6	15	16
15	8	11

（c）3×3 的特征图

图 7-2　卷积核进行卷积运算的过程

图 7-2（a）所示为卷积层中 3×3 大小的卷积核，图 7-2（b）所示为 5×5 的输入图像，用卷积核对图像进行卷积运算得到对应的特征值，将卷积核在图像上沿水平方向和垂直方向滑动，得到 3×3 的特征图。卷积核的大小反映了在卷积过程中卷积核能够融合局部空间信息的能力，称为特征的感受野。

为了清楚地描述卷积运算过程，将图像的第 i 行、第 j 列用 $x_{i,j}$ 表示，卷积核的第 m 行、第 n 列用 $w_{m,n}$ 表示，卷积核的偏置项用 w_b 表示，特征图第 i 行、第 j 列元素用 $a_{i,j}$ 表示，激活函数用 $f(\cdot)$表示。那么卷积运算的计算公式为：

$$a_{i,j}=f\left(\sum_{m=0}^{2}\sum_{n=0}^{2}w_{m,n}x_{i+m,j+n}+w_b\right) \tag{7-2}$$

在训练模型时，首先对卷积核进行随机初始化，然后不断迭代更新卷积核参数和偏置项参数。

2．步幅和填充

一般来说，假设卷积层的输入数组尺寸为 $n_h \times n_w$，卷积核尺寸为 $k_h \times k_w$，那么得到输出特征图的尺寸为：

$$(n_h-k_h+1)\times(n_w-k_w+1) \tag{7-3}$$

可见，特征图的大小由输入图像的大小和卷积核的大小决定，但在实际应用中，为了方便计算，通常需要在不改变图像和卷积核大小的情况下改变特征图的大小，这些操作可通过使用卷积层的步幅（stride）和填充（padding）两个超参数完成。

1）步幅

卷积核在图像上移动时，每次移动位移的单位，称为步幅。在上述卷积运算的例子中，默认卷积核移动的步幅为 1，在水平方向和垂直方向上，卷积核均可移动 3 次，每次得到一个特征值，因此得到特征图尺寸为 3×3。实际上，也可以指定更大的步幅，从而得到更小尺寸的特征图。如果将步幅改为 2，那么卷积核在水平和垂直方向能够移动的次数均为 2，得到的特征图尺寸为 2×2。

2）填充

有时候，我们希望特征图与输入图像保持相同的尺寸，根据式（7-3），除非卷积核尺寸为 1×1，否则无法达到这样的需求，但是 1×1 的卷积无法融合局部空间信息，显然不利于图像特征提取，这时，可以采用填充的方式满足这一需求。填充是指在输入图像的宽度和高度两侧填充一定数量的元素，为避免引入噪声，通常填充 0 元素。

如图 7-3 所示，虚线部分是在原输入图像的外围填充 0 元素，使得图像尺寸由 5×5 变为 7×7，从而得到了与原输入图像尺寸一致的特征图输出。

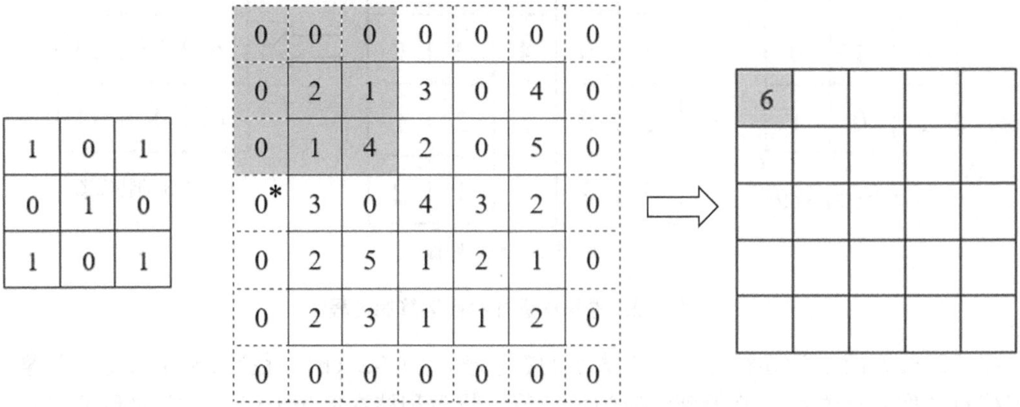

图 7-3　带填充的卷积运算

总结来说，如果卷积层的输入数组尺寸为 $n_h \times n_w$，卷积核尺寸为 $k_h \times k_w$，水平方向步幅为 s_w，单侧填充为 p_w，垂直方向步幅为 s_h，单侧填充为 p_h，那么得到输出特征图的尺寸为：

$$\left(\frac{\left(n_h - k_h + 2\times p_h\right)}{s_h} + 1\right) \times \left(\frac{\left(n_w - k_w + 2\times p_w\right)}{s_w} + 1\right) \tag{7-4}$$

3. 激活函数

卷积运算是一个线性操作，如果神经网络中只有卷积层，那么无论神经网络有多少层，输出都是输入的线性组合，与没有隐藏层的效果一样，相当于最原始的感知机。因此，要使神经网络能够逼近任意函数，其中一个必要条件就是引入非线性函数作为激活函数。在每次卷积后都使用非线性激活函数，常用的非线性激活函数如图 7-4 所示。

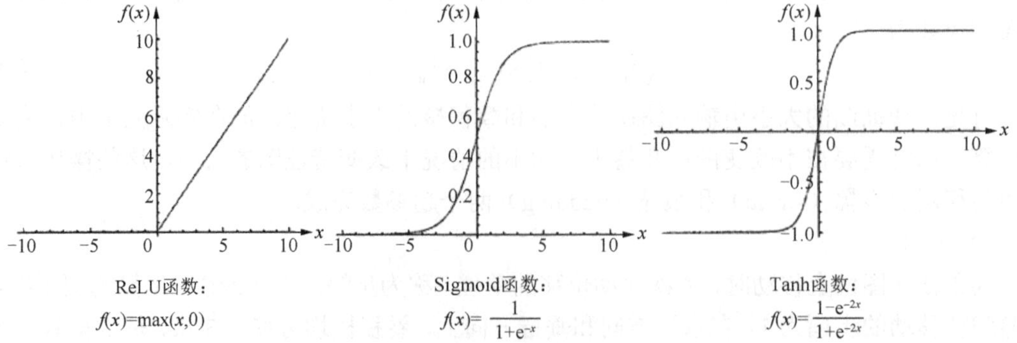

图 7-4　常用的非线性激活函数

4. 池化

池化，即降采样操作。池化操作不仅可以减少网络的计算量，防止过拟合，而且可以减少特征对于空间位置的依赖性。池化层每次对输入数组中的一个固定形状的窗口中的元素进行计算获得输出。常见的池化操作有最大池化和平均池化，即分别计算池化窗口内元素的最大值和平均值。在池化过程中，池化窗口从左到右、自顶向下移动，与卷积核超参数一样，池化窗口移动的步幅由超参数 stride 决定，因此，池化层也可以改变输入图像或特征图的尺寸大小。

图 7-5 所示为池化窗口为 2×2 的最大池化操作。池化层输入是由卷积运算得到的特征图，灰色区域是池化窗口，使用最大池化，步幅为 1。

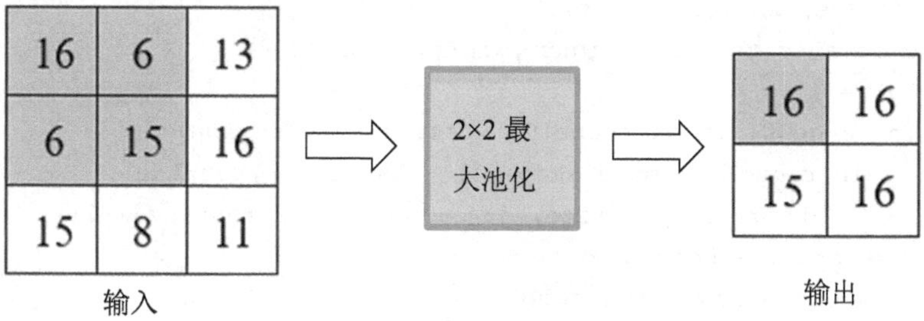

图 7-5 池化窗口为 2×2 的最大池化操作

5. 全连接网络

全连接（Fully Connected，FC）网络是指当前层网络的所有神经元都与下一层网络的所有神经元连接的网络。多层感知机就是一种全连接网络，输出层一般采用 Softmax 函数。

全连接网络的作用是整合卷积层或池化层等网络层提取的特征，将它们映射到标签的特征空间，与标签信息进行误差计算，从而训练网络学习分类任务和回归任务，因此，输出层的函数一般叫作损失函数。

图 7-6 所示为卷积层和全连接层连接示意图，经过最后一层卷积层和池化操作之后，首先得到 8×5×5 的特征图，然后使用 8×5×5 的卷积核进行 100 次卷积运算，得到 1×100 的特征向量，最后将 1×100 的特征向量采用全连接方式映射到 10 维向量空间，即标记空间。

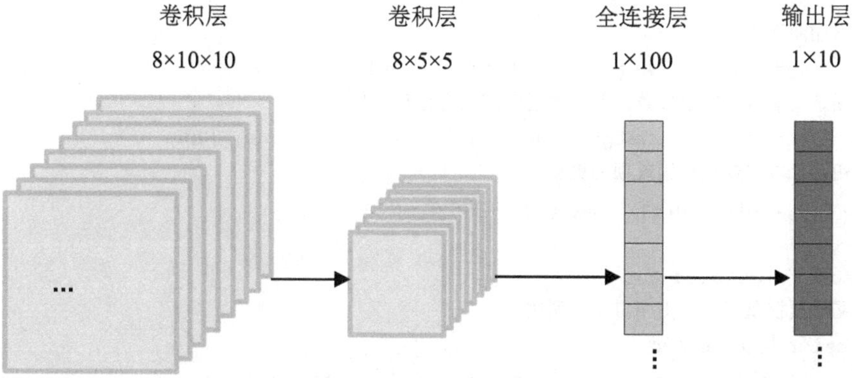

图 7-6 卷积层和全连接层连接示意图

7.1.2　卷积神经网络的实现

通过前面的介绍，我们知道卷积神经网络通常包括输入层、卷积层、激活函数层和池化层，在网络对高维特征进行分类时，通常还会加上全连接层。本节将使用代码实现以上介绍的每个网络层，为提高代码的扩展性，将每一个网络层抽象为一个类，方便序贯模型灵活调用所需的网络层，构建各式各样的网络模型。

1．卷积层代码实现

```
# 源程序 7-1
# 卷积层代码实现
import numpy as np
def im2col(image, ksize, stride):
    # image is a 4d tensor([height ,width, channel])
    image_col = []
    for i in range(0, image.shape[0] - ksize + 1, stride):
        for j in range(0, image.shape[1] - ksize + 1, stride):
            col = image[i:i + ksize, j:j + ksize, :].reshape([-1])
            image_col.append(col)
    image_col = np.array(image_col)
    return image_col

class convolution(object):
    '''卷积层'''
    def __init__(self, kernel_size=3, channels_in=1, channels_out=1, stride=1,
    method='VALID', padding=0, use_bias=False, activation=None):
        self.ksize = kernel_size
        self.input_channels = channels_in
        self.output_channels = channels_out
        self.stride = stride
        self.method = method
        self.padding = padding
        # 添加偏置项，为每个输出项添加偏置项
        self.use_bias = use_bias
        self.bias = None
        # 添加激活函数
        self.activator = Activation(activation)
        # 预定义输入、输出参数，并对本层误差项进行初始化设置
        self.input, self.output, self.delta = None, None, None
        # 初始化本层权重和偏置项的更新项
        self.w_updte, self.b_update = None, None

    def _add_weights(self):
        # 网络层权重矩阵，由序贯模型调用
        # ksize 是卷积核大小
        self.weights = np.random.random((self.ksize, self.ksize,
self.input_channels, self.output_channels))

    def forward(self, x):
        self.input = x
```

```
        self.input_shape = x.shape
        H, W, C = np.shape(x)
        h = self.ksize
        w = self.ksize
        col_weights = self.weights.reshape([-1, self.output_channels])
        self.output_shape = ((H - h) // self.stride + 1, (W - w) // self.stride + 1,
self.output_channels)
        self.bias = np.random.random(self.output_shape) * 0.04 if self.use_bias
else None
        if self.method == 'SAME':
            x = np.pad(x, ((self.ksize // 2, self.ksize // 2), (self.ksize // 2,
self.ksize // 2), (0, 0)),'constant', constant_values=0)
        self.col_image = im2col(x, self.ksize, self.stride)
        conv_out = np.dot(self.col_image, col_weights)
        conv_out = conv_out.reshape(self.output_shape) + self.bias
        self.output = self.activator.forward_activate(conv_out)
        self.units = np.prod(self.output_shape)
        return self.output

    def backward(self, delta_y):
 # 需要注意的是，反向传播时本层的输入层即前一层的输出项，对输入求导，计算前一层输出项的梯度
        self.gradient = self.activator.backward_gradient(self.input)
        # delta 是本层需要交给前一层的误差项
        self.delta = self.gradient * self._gradient(delta_y)
        # 根据后一层传入的误差项 delta_y 计算本层的权重更新项
        self.w_update = self._wupdate(self.input, delta_y)
        # 根据后一层传入的误差项 delta_y 计算本层的偏置项更新项
        self.b_update = self._bupdate(delta_y)
        # 返回需要交给前一层的误差
        return self.delta

    def _gradient(self, delta):
        '''计算反向传播时传到前一层的误差'''
        col_delta = np.reshape(delta, [-1, self.output_channels])
        self.w_gradient = np.dot(self.col_image.T,
                                 col_delta).reshape(self.weights.shape)
        self.b_gradient = np.sum(col_delta, axis=0)

        delta = np.reshape(delta, self.output_shape)
        if self.method == 'VALID':
            pad_delta = np.pad(delta, (
                (self.ksize - 1, self.ksize - 1), (self.ksize - 1, self.ksize - 1),
                (0, 0)), 'constant', constant_values=0)

        if self.method == 'SAME':
            pad_delta = np.pad(delta, ((self.ksize // 2, self.ksize // 2), (self.ksize
// 2, self.ksize // 2), (0, 0)), 'constant', constant_values=0)
        flip_weights = self.weights[::-1, ...]
        flip_weights = flip_weights.swapaxes(1, 2)
```

```
        col_flip_weights = flip_weights.reshape([-1, self.input_channels])
        col_pad_delta = im2col(pad_delta, self.ksize, self.stride)
        next_delta = np.dot(col_pad_delta, col_flip_weights)
        next_delta = np.reshape(next_delta, self.input_shape)
        return next_delta

    def _wupdate(self, input, delta):
        '''计算权重更新项'''
        H, W, C = np.shape(input)
        delta = np.reshape(delta, self.output_shape)
        h, w, c = np.shape(delta)
        w_output = np.zeros(((H - h) // self.stride + 1, (W - w) // self.stride + 1,
self.input_channels, self.output_channels))
        for i, j, m, n in np.ndindex(w_output.shape):
            pi,pj = i * self.stride, j * self.stride
            w_output[i,j, m, n] = np.sum(np.expand_dims(input[pi:pi+h, pj:pj+w, m], 1)
* delta[:,:,n])
        return w_output

    def _bupdate(self, delta):
        '''计算偏置项更新项'''
        b_output = np.reshape(delta, self.output_shape)
        return b_output

    def update(self, learning_rate):
        '''根据传入的学习率更新权重和偏置项'''
        self.weights += learning_rate * self.w_update
        self.bias += learning_rate * self.b_update

    def __str__(self):
        assert hasattr(self, 'weights'), 'Convoution Layer not initialized by
SequtialModel yet. '
        return ' '.join([f'kernel-{self.ksize}, weights_shape-{np.shape(self.weights)},
use_bias-{self.use_bias},',f'bias_shape-{np.shape(self.bias)}activation-{self.activator}'])
```

以上代码构造了一个卷积类，实现单幅图像的卷积运算，即该网络层接收的输入尺寸为 $H \times W \times C$，H、W、C 分别代表图像的高度、宽度和特征通道数。该卷积类实现了卷积核的超参数和参数的初始化、卷积运算的前向传播和反向传播，以及卷积层参数的更新等方法。

需要特别注意的是，在 7.1.1 节中介绍的卷积核及卷积运算的计算公式均为单通道卷积计算方法，卷积核的参数维数为 $k_h \times k_w$ 的矩阵，即参数数量为卷积核高度和宽度的乘积，而在本节的代码实现中，需要进行多通道卷积运算，卷积核的参数维数为 $k_h \times k_w \times$input_channels×output_channels 的矩阵，input_channels 表示卷积核的通道数，将特征图的每个特征通道与对应通道的卷积核进行卷积运算，output_channels 表示卷积核的数量，其对应于输入到下一层网络的特征图的特征通道数。

2. 激活函数层代码实现

```
# 源程序 7-2
# 激活函数层代码实现
```

```
import numpy as np
class Activation(object):
    '''激活函数类'''
    def __init__(self, activate):
        self.forward_func = Activation._forward_by_name(activate)
        self.backward_func = Activation._backward_by_name(activate)

    @classmethod
    def _relu_forward(cls, X):
        return np.maximum(0, X)

    @classmethod
    def _relu_backward(cls, layer_output):
        if layer_output > 0:
            return 1
        else:
            return 0

    @classmethod
    def _sigmoid_forward(cls, X):
        return 1 / (1 + np.exp(-X))

    @classmethod
    def _sigmoid_backward(cls, layer_output):
        return layer_output * (1-layer_output)

    @classmethod
    def _tanh_forward(cls, X):
        return (np.exp(2*X) - 1) / (np.exp(2*X) + 1)

    @classmethod
    def _tanh_backward(cls, layer_output):
        return 1- layer_output * layer_output

    @classmethod
    def _softmax_forward(cls, X):
        if X.ndim == 2:
            X = X.T
            X = X - np.max(X, axis=-1)
            cls.x = X
            y = np.exp(X) / np.sum(np.exp(X), axis=-1)
            return y.T
        X = X - np.max(X)  # 溢出操作
        return np.exp(X) / np.sum(np.exp(X))

    @classmethod
    def _softmax_backward(cls, layer_output):
        xmax_index = np.argmax(cls.x)
        ymax_index = np.argmax(layer_output)
```

```
        if xmax_index == ymax_index:
            return layer_output[ymax_index] * (1 - layer_output[ymax_index])
        else:
            return -layer_output[xmax_index] * layer_output[ymax_index]

    @classmethod
    def _none_forward(cls, X):
        return X

    @classmethod
    def _none_backward(cls, layer_output):
        return 1

    @classmethod
    def _forward_by_name(cls, activate):
        if activate is None:
            return cls._none_forward
        elif activate.lower( ) == 'relu':
            return cls._relu_forward
        elif activate.lower( ) == 'sigmoid':
            return cls._sigmoid_forward
        elif activate.lower( ) == 'tanh':
            return cls._tanh_forward
        elif activate.lower( ) == 'softmax':
            return cls._softmax_forward

    @classmethod
    def _backward_by_name(cls, activate):
        if activate is None:
            return cls._none_backward
        elif activate.lower( ) == 'relu':
            return cls._relu_backward
        elif activate.lower( ) == 'sigmoid':
            return cls._sigmoid_backward
        elif activate.lower( ) == 'tanh':
            return cls._tanh_backward
        elif activate.lower( ) == 'softmax':
            return cls._softmax_backward
        else:
            raise NotImplementedError(f'Not supported activation
function:{activate}')

    def forward_activate(self, layer_input):
        '''前向激活'''
        return self.forward_func(layer_input)

    def backward_gradient(self, layer_output):
        '''梯度反向传播'''
        return self.backward_func(layer_output)
```

```
    def __str__(self):
        if self.forward_func == Activation._none_forward:
            s = '<None Activation>'
        elif self.forward_func == Activation._relu_forward:
            s = '<Relu Activation>'
        elif self.forward_func == Activation._sigmoid_forward:
            s = '<Sigmoid Activation>'
        elif self.forward_func == Activation._tanh_forward:
            s = '<Tanh Activation>'
        elif self.forward_func == Activation._softmax_forward:
            s = '<softmax Activation>'
        else:
            raise NotImplementedError(f'Not supported activation function:{self.
forward_func.__name__}')
        return s
```

以上代码实现了一个激活函数类，将激活函数的正向激活过程和误差反向传播过程定义为抽象方法，并根据激活函数名称调用不同的激活函数。本段代码实现了 ReLU 函数、Sigmoid 函数、Tanh 函数和 Softmax 函数，其中 Softmax 函数通常用于输出层，将神经元的输出映射到(0,1)区间内，可以理解为图像属于各个类的概率。

3. 池化层代码实现

```
# 源程序 7-3
# 池化层代码实现
class pooling(object):
    '''池化层'''
    def __init__(self, method='max', stride=2):
        self.method = method
        self.stride = stride
        self.input, self.output = None, None

    def forward(self, x):
        '''前向传播:输入前一层的输出参数，经过本层运算后交给后一层'''
        self.input = x
        W, H, C = np.shape(x)
        output_shape = (H // self.stride, W // self.stride, C)
        self.output= np.zeros(output_shape)
        self.row_index = np.zeros((H // self.stride, W // self.stride, C))
        self.col_index = np.zeros((H // self.stride, W // self.stride, C))
        if self.method == 'max':
            for i,j,k in np.ndindex(x.shape):
                volume = x[i:i+self.stride, j:j+self.stride,:]
                m = i // 2
                n = j // 2
                area = np.max(volume,axis=0)
                col_index = np.argmax(volume, axis=0)
                self.output[m,n] = np.max(area,axis=0)
                row_index = np.argmax(area, axis=0)
```

```
                self.row_index[m,n,k] = row_index[k]
                self.col_index[m,n,k] = col_index[row_index[k],k]
        elif self.method == 'mean':
            for i,j,k in np.ndindex(x.shape):
                area = x[i:i + self.stride, j:j + self.stride, :]
                m = i // 2
                n = j // 2
                self.output[m, n, k] = np.sum(area[k]) / (self.stride * self.stride)
        self.units = np.prod(output_shape)
        return self.output

    def backward(self, delta_y):
        '''反向传播:输入后一层的误差，经过计算将误差传给前一层
        池化层无可更新参数，直接将误差重新分配'''
        self.delta = np.zeros_like(self.input)
        if self.method == 'max':
            for m,n,k in np.ndindex(delta_y.shape):
                i = self.stride * m
                j = self.stride * n
                offset_h = self.row_index[m,n].astype(int)
                offset_w = self.col_index[m,n].astype(int)
                self.delta[i+offset_h[k],j+offset_w[k], k] = delta_y[m,n,k]
        elif self.method == 'mean':
            for m,n,k in np.ndindex(delta_y.shape):
                i = self.stride * m
                j = self.stride * n
                mean_gradient = delta_y[m,n,k] / (self.stride * self.stride)
                self.delta[i:i+self.stride, j:j+self.stride, k] = mean_gradient
        return self.delta

    def update(self, learning_rate):
        return None

    def __str__(self):
        return ' '.join([f'pooling method-{np.shape(self.method)},stride-
{self.stride}'])
```

以上代码实现了一个池化类，实现最大池化和均值池化两种池化方式。池化类中定义了池化层超参数的初始化、池化层前向传播和反向传播算法，由于池化层没有可训练参数，因此池化层的参数更新为抽象方法。

4. 全连接层代码实现

```
# 源程序 7-4
# 全连接层代码实现
class FCLayer(object):
    '''全连接层'''
    def __init__(self, pre_units, units, use_bias=True, activation=None):
        # 神经元数目，同时也是全连接层的输出数目
        self.units = units
        self.pre_units = pre_units
```

```
        # 添加偏置项，为每个输出项添加偏置项
        self.use_bias = use_bias
        self.bias = np.random.random((self.units, 1)) if self.use_bias else None
        # 添加激活函数
        self.activator = Activation(activation)
        # print(activation)
        # 预定义输入、输出参数，并对本层误差项进行初始化
        self.input, self.output, self.delta = None, None, None
        # 初始化本层权重和偏置项的更新项
        self.w_update, self.b_update = None, None

    def _add_weights(self, pre_units=None):
        '''网络权重矩阵，通过矩阵 weights 连接前后两个网络层
        pe_units 是前一层全连接层的神经元数目，如果是第一层，那么无实际权重，第一层只需要保证后续
权重矩阵的维度正确即可，这里用 None 表示此网络层为第一层'''
        self.weights = None if pre_units is None else np.random.random((self.units,
pre_units))

    def forward(self, input_x):
        '''前向传播:输入前一层的输出参数，经过本层运算后交给后一层'''
        self.input = np.reshape(input_x, (-1, 1))
        self.output = self.activator.forward_activate(np.dot(self.weights,
self.input) + self.bias)
        return self.output

    def backward(self, delta_y):
 # 需要注意的是，反向传播时本层的输入项即前一层的输出项
        self.gradient = self.activator.backward_gradient(self.input)
        # delta 是本层需要交给前一层的误差项
        self.delta = self.gradient * np.dot(self.weights.T, delta_y)
        # 根据后一层传入的误差项 delta_y 计算本层的权重更新项
        self.w_update = np.dot(delta_y, self.input.T)
        # 根据后一层传入的误差项 delta_y 计算本层的偏置项更新项
        self.b_update = delta_y
        # 返回需要交给前一层的误差
        return self.delta

    def update(self, learning_rate):
        '''根据传入的学习率更新权重和偏置项'''
        self.weights += learning_rate * self.w_update
        self.bias += learning_rate * self.b_update

    def __str__(self):
        assert hasattr(self, 'weights'), 'Fully Connected Layer not initialized by
SequtialModel yet. '
 return ' '.join([f'units-{self.units}, weights_shape-{np.shape(self.weights)},
use_bias-{self.use_bias},',f'bias_shape-{np.shape(self.bias)}activation-{self.
activator}'])
```

5. 序贯模型代码实现

有了基本的网络层，就可以根据需求添加具有不同类型的网络层了，将多个网络层堆叠起来，可以搭建出复杂的网络模型。

```
# 源程序 7-5
class SequtialModel(object):
    '''序贯模型'''
    def __init__(self):
        # 序贯模型的核心结构——网络层序列
        self.layers = []
    def add_fc_layer(self, pre_units, units, use_bias=False, activation=None):
        '''添加全连接层网络'''
        layer = FCLayer(pre_units, units, use_bias, activation)
        # 初始化全连接层权重
        layer._add_weights(pre_units if self.layers else None)
        # 将新的全连接层加入序贯模型中
        self.layers.append(layer)

    def add_conv_layer(self, kernel_size, channels_in, channels_out, stride=1,
 method=None, padding=0, use_bias=False, activation=None):
        '''添加卷积层网络'''
        layer = convolution(kernel_size, channels_in, channels_out, stride, method,
padding, use_bias, activation)
        # 初始化卷积层权重
        layer._add_weights( )
        # 将新的卷积层加入序贯模型中
        self.layers.append(layer)

    def add_pool_layer(self, method, stride):
        '''添加池化层网络'''
        layer = pooling(method, stride)
        # 将新的池化层加入序贯模型中
        self.layers.append(layer)

    def fit(self, train_data, train_labels, epoch, learning_rate=0.001):
        ''' 训练神经网络
        args:
            train_datax: 训练数据
            train_labels: 训练标签
            epoch: 训练轮数
            learning_rate: 学习率
        '''
        # 将传入的数据类型调整为numpy数组，以便于后续计算
        train_data, train_labels = np.asarray(train_data), np.asarray(train_labels)

        # 开始训练
        for i in range(epoch):
        for x, y in zip(train_data, train_labels):
            self._train_on_one_sample(x, y, learning_rate)
```

```
        # 每一轮结束后对模型进行评估
        print(f'Evaluating Model after epoch {i+1}…')
        acc, loss = self.evaluate(train_data, train_labels)
        print(f'training acc: {acc}, training loss: {loss}')
        # 训练完成后输出数据集的预测结果及训练集的真实标签
        print(f'Training Finished. The Prediction of training set
is:\n{self.predict_labels(train_data)}')
        print(f'The Groundtruth of training set is:\n{np.argmax(train_labels,
axis=1)}')

    def _train_on_one_sample(self, x, y, learning_rate):
        '''单例训练'''
        # 序贯模型正向预测
        X0 = x
        self._predict_on_one_sample(x)
        # 梯度下降算法反向传播误差
        self._gradient_dencent(y)
        # 根据误差修正模型参数
        self._update(learning_rate)

    def predict_labels(self, X):
        '''将模型输出转换为类别标签'''
        return np.argmax(self.predict(X), axis=1).squeeze( )

    def predict(self, X):
        '''X 中每个 sample 的原始预测结果'''
        if np.ndim(X) == 1:
            X = np.reshape(X, (-1, 1))
        return np.asarray([self._predict_on_one_sample(x) for x in X])

    def _predict_on_one_sample(self, x):
        '''单例正向预测'''
        # 注意，第一层无权重和偏置项，因此无须调用 forward 方法
        for layer in self.layers[1:]:
            x = layer.forward(x)
        return x

    def evaluate(self, data, labels):
        '''传入指定数据样本和标签评估模型性能'''
        # 计算精度
        acc = self.get_acc(self.predict_labels(data), labels)
        # 计算误差
        loss = self.get_loss(self.predict(data), labels)
        # 返回精度和误差
        return acc, loss

    def get_acc(self, predict_labels, groundtruths):
        '''根据真实标签和预测标签计算精度'''
        return np.sum(np.argmax(groundtruths, axis=1) == predict_labels) /predict_
```

```
labels.shape[0]

    def get_loss(self, predicts, groundtruths):
        '''计算所有样本的预测误差之和'''
        return np.sum([self._get_loss_on_one_sample(p,g) for p,g in zip(predicts, 
groundtruths)])

    def _get_loss_on_one_sample(self, predict, groundtruth):
        '''计算单例损失'''
        return np.sum((groundtruth.reshape(-1, 1) - predict) **2) / 2

    def _gradient_dencent(self, label):
        '''单例反向传播误差'''
        # 首先求解出模型输出层的预测误差 delta
        delta = self._get_output_delta_on_one_sample(self.layers[-1].output, label)
        # 然后应用梯度下降算法反向传播误差，由于第一层没有实际权重，因此不需要调用第一层的 backward
        for layer in self.layers[:0:-1]:
            delta = layer.backward(delta)

    def _get_output_delta_on_one_sample(self, output, groundtruth):
        '''计算单例的预测误差'''
        return self.layers[-1].activator.backward_gradient(output) * (groundtruth.
reshape(-1, 1) - output)

    def _update(self, learning_rate):
        '''更新权重与偏置项'''
        # 注意，第一层无权重因此不需要更新
        for layer in self.layers[1:]:
            layer.update(learning_rate)

    def __str__(self):
        '''由 print 方法调用用于输出模型的概要信息'''
        sep = ['-' * 120]
        return '\n'.join(sep + [f'layer {i+1}: {layer}' for i,layer in enumerate(self.
layers)] + sep)
```

以上代码实现了一个序贯模型类，接收多幅图像用于训练网络模型，即网络模型的输入为 $N \times H \times W \times C$，$N$、$H$、$W$、$C$ 分别表示图像的数量、高度、宽度和特征通道数。序贯模型类实现了通过添加卷积层、池化层和全连接层的方法构建网络模型，通过调用 fit 方法训练并评估网络模型。

将本节所有代码实现放在本书配套代码资源 SequentialModel.py 中，以供不同的任务调用，搭建适用于该类任务的网络模型并进行网络的训练。

7.2 深度神经网络

经过 7.1 节的介绍，我们学习了卷积神经网络的构成及每个网络层的作用，通过训练网络，可以学习到网络模型参数的局部最优解。考虑到实际应用中问题的复杂性，通常需要堆叠多层的神经网络，将特征进行高维映射，从而提取强大的语义特征。通过加深网络层数来增强模型学习能力的机器学习方式称为深度学习，而堆叠的多层神经网络则称为深度神经网络。

7.2.1 LeNet

1998 年，在贝尔实验室进行的一项研究中，Yan LeCun 提出了一种利用卷积层、池化层和全连接层结构解决手写数字识别问题的新方法——LeNet，称为卷积神经网络的开山之作。自那时起，卷积神经网络的最基本架构就定下来了：卷积层、池化层、全连接层。

LeNet 可用于包括数字、字母等手写体的识别，通过交替连接的卷积层和池化层，将原始图像逐渐转换为一系列的特征图，并且将这些特征传递给全连接的神经网络，以根据图像的特征对图像进行分类。LeNet 的网络结构图如图 7-7 所示。该结构图的具体实现步骤：①将分辨率为 32×32（像素，后省略该单位）的灰度图像输入 LeNet，经过包含 6 个 5×5 卷积核的卷积层 C1，得到 6 个分辨率为 28×28 的特征图。②经过 2 倍下采样池化层 S2 后，得到 6 个对应的分辨率为 14×14 的特征图。③经过 16 个 5×5 卷积核的卷积层 C3，得到 16 个分辨率为 10×10 的特征图。④经过一个池化层 S4 进行 2×2 下采样得到 16 个分辨率为 5×5 的特征图。⑤经过 120 个 5×5 卷积核的卷积层 C5，将特征图转化为 120 维特征向量。⑥经过 84 个神经元的全连接层 F6 进行特征映射，经过并行的 10 个神经元的输出层 OUTPUT 便可输出该网络输入图像属于 26 个大写字母的概率，概率最高的输出对应的字母即网络模型对输入图像预测的结果。

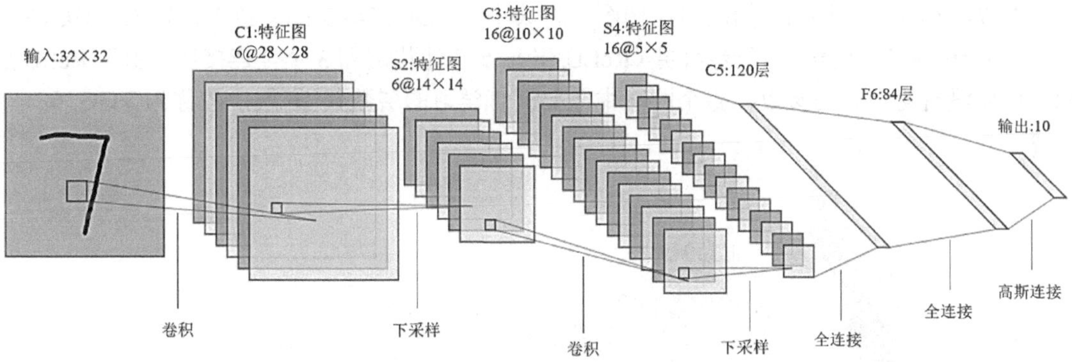

图 7-7　LeNet 的网络结构图

7.2.2 AlexNet

随着计算机硬件性能的高速发展，可用的结构化数据和数据处理能力呈指数级增长。随着智能化需求的不断高涨，研究者们越来越不满足于深度学习对于简单识别任务的实现，开始探索深度学习对于更复杂任务的应用。

2012 年开始，计算机视觉领域开始举办 ImageNet 大规模视觉识别挑战（ImageNet Large Scale Visual Recognition Challenge，ILSVRC）比赛。而当时 AlexNet 勇夺该比赛的冠军，并且由于其成绩遥遥领先第二名，从而引起了大家的广泛关注。

AlexNet 的网络结构图如图 7-8 所示。AlexNet 网络的输入图像是分辨率为 227×227 的彩色图像，图中 s（stride）代表卷积的步长，same 代表特征图有填充。

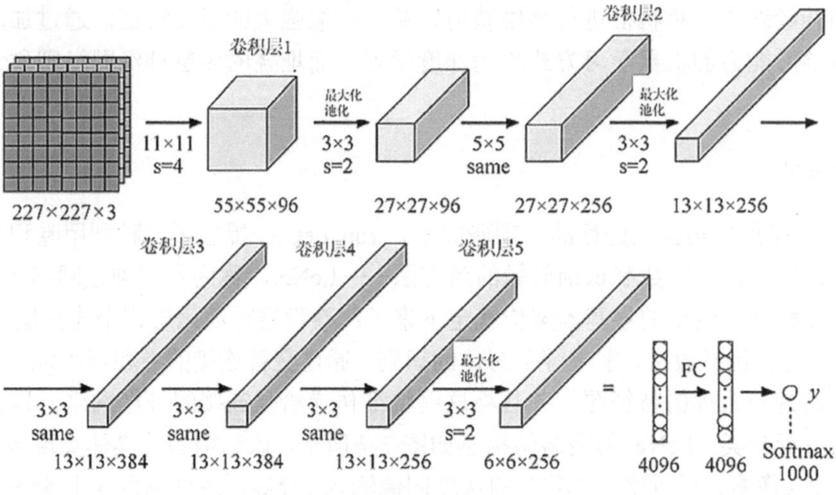

图 7-8　AlexNet 的网络结构图

7.2.3　VGGNet

VGGNet 是牛津大学计算机视觉组和 DeepMind 公司共同研发的一种深度卷积网络，并且于 2014 年在 ILSVRC 比赛上获得了分类项目的第二名和定位项目的第一名，VGGNet 一共有 6 种不同的网络结构，但是每种结构都含有 5 组卷积，每组卷积都使用 3×3 的卷积核，每组卷积后进行一个 2×2 最大池化，接下来是 3 个全连接层。VGGNet 高度一致的结构，使其十分适用于迁移学习。

图 7-9 所示为 VGG16 的网络结构图。将大小为 224×224×3 的彩色图像输入 VGG16 网络，VGG16 网络共包含 13 个卷积层（ReLU 层）、5 个池化层和 3 个全连接层。由于 ReLU 层和池化层没有可训练的参数，整个网络中需要训练学习的层数共 16 层，故称为 VGG16。

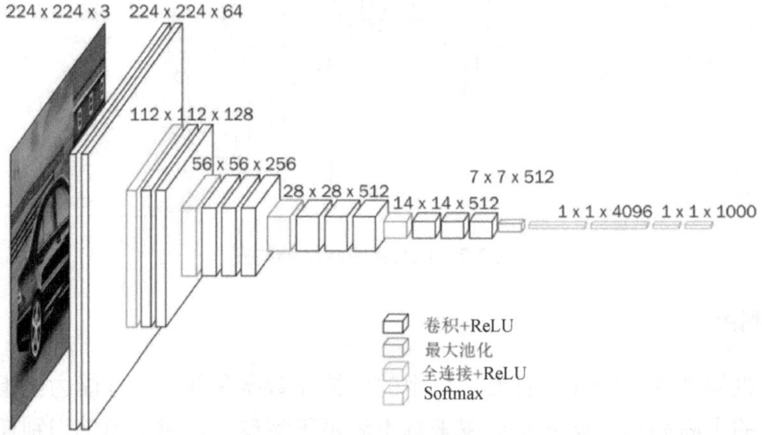

图 7-9　VGG16 的网络结构图

以池化层为边界，VGG16 网络共分为 5 个卷积模块，各卷积模块包含的卷积层数分别为 2、2、3、3 和 3，其中所有的卷积层都具有相同的结构，卷积核尺寸为 3×3，步幅为 1，填充为 1，特征通道数每经过一次池化后进行翻倍，所有的池化层结构都是相同的，池化核尺寸为 2×2，步幅为 2，全连接层共 3 个，前两个均为 4096 个神经元的全连接层，后一个为 1000 个神经元的全连接层。

7.2.4 ResNet

ResNet（残差网络）是由微软研究院的 Kaiming He 等 4 名华人于 2015 年 12 月提出的，并在 ILSVRC2015 比赛中取得冠军。传统的卷积网络或者全连接网络在信息传递时或多或少会存在信息丢失、损耗等问题，同时还有导致梯度消失或者梯度爆炸的可能，导致深度网络无法进行训练。

ResNet 通过直接将输入信息绕道传到输出，保护信息的完整性，整个网络只需要学习输入、输出有差别的那一部分，简化了学习目标和难度。将输入信息绕过卷积层连接到输出的操作叫作跳跃连接，而从输入到输出之间经过的网络叫作残差模块，如图 7-10 所示。

ResNet 中有 2 种残差模块结构，一种是 2 层残差模块结构，如图 7-10（a）所示，另一种是 3 层残差模块结构，如图 7-10（b）所示。

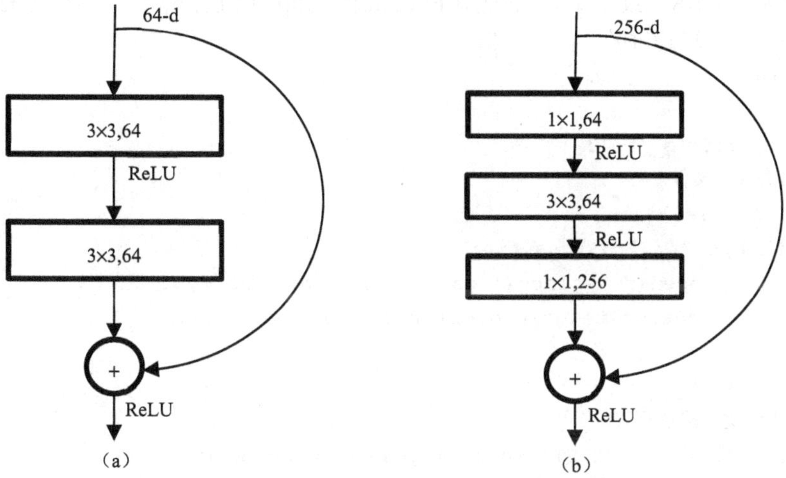

图 7-10　残差模块示意图

ResNet 有不同的网络层数，比较常用的是 34 层、50 层、101 层和 152 层，它们都是由上述的残差模块堆叠在一起实现的。ResNet 不同层数的网络配置表如表 7-1 所示。

表 7-1　ResNet 不同层数的网络配置表

网络结构层	输出尺寸	18 层	34 层	50 层	101 层	152 层
卷积块 1	112×112	卷积核：7×7，64，步幅：2				
卷积块 2	56×56	$\begin{bmatrix}3\times3,64\\3\times3,64\end{bmatrix}\times2$	$\begin{bmatrix}3\times3,64\\3\times3,64\end{bmatrix}\times3$	$\begin{bmatrix}1\times1,64\\3\times3,64\\1\times1,256\end{bmatrix}\times3$	$\begin{bmatrix}1\times1,64\\3\times3,64\\1\times1,256\end{bmatrix}\times3$	$\begin{bmatrix}1\times1,64\\3\times3,64\\1\times1,256\end{bmatrix}\times3$
卷积块 3	28×28	$\begin{bmatrix}3\times3,128\\3\times3,128\end{bmatrix}\times2$	$\begin{bmatrix}3\times3,128\\3\times3,128\end{bmatrix}\times4$	$\begin{bmatrix}1\times1,128\\3\times3,128\\1\times1,512\end{bmatrix}\times4$	$\begin{bmatrix}1\times1,128\\3\times3,128\\1\times1,512\end{bmatrix}\times4$	$\begin{bmatrix}1\times1,128\\3\times3,128\\1\times1,512\end{bmatrix}\times8$
卷积块 4	14×14	$\begin{bmatrix}3\times3,256\\3\times3,256\end{bmatrix}\times2$	$\begin{bmatrix}3\times3,256\\3\times3,256\end{bmatrix}\times6$	$\begin{bmatrix}1\times1,256\\3\times3,256\\1\times1,1024\end{bmatrix}\times6$	$\begin{bmatrix}1\times1,256\\3\times3,256\\1\times1,1024\end{bmatrix}\times23$	$\begin{bmatrix}1\times1,256\\3\times3,256\\1\times1,1024\end{bmatrix}\times36$
卷积块 5	7×7	$\begin{bmatrix}3\times3,512\\3\times3,512\end{bmatrix}\times2$	$\begin{bmatrix}3\times3,512\\3\times3,512\end{bmatrix}\times3$	$\begin{bmatrix}1\times1,512\\3\times3,512\\1\times1,2048\end{bmatrix}\times3$	$\begin{bmatrix}1\times1,512\\3\times3,512\\1\times1,2048\end{bmatrix}\times3$	$\begin{bmatrix}1\times1,512\\3\times3,512\\1\times1,2048\end{bmatrix}\times3$
	1×1	平均池化，1000 维输出的全连接层，Softmax 函数				
FLOPS		1.8×10^9	3.6×10^9	3.8×10^9	7.6×10^9	11.3×10^9

7.3 手写数字识别案例

在本节，我们将使用 Python 的 Scikit-Learn 来实现一个手写数字识别案例的神经网络算法。MNIST 数据集是著名的手写数字识别任务的公开数据集，该数据集共分为 4 个文件，分别存储了 MNIST 数据集的训练集图像（train-images-idx3-ubyte.gz）、训练集标签（train-labels-idx1-ubyte.gz）、测试集图像（t10k-images-idx3-ubyte.gz）和测试集标签（t10k-labels-idx1-ubyte.gz）。其中，训练集包含 6000 张数字图像及与之对应的 6000 个标签，测试集包含 10000 张数字图像及与之对应的 10000 个数字标签。

7.3.1 数据集解压

首先下载 MNIST 数据集，并使用 Python 的 gzip 库进行解压，然后进行数据预处理。

```
# 源程序 7-6： 解压所需的库
import gzip

def unpack_gz(file_lis):
    '''解压缩 gz 文件'''
    for f in file_lis:
        with open(f, 'rb') as fin:
            with open(f.replace('.gz', ' '), 'wb') as fout:
                fout.write(gzip.decompress(fin.read( )))

if __name__ == '__main__':
    # 待解压的文件路径列表
    gz_file_lis = ['./MNIST/train-images-idx3-ubyte.gz',
                   './MNIST/train-labels-idx1-ubyte.gz',
                   './MNIST/t10k-images-idx3-ubyte.gz',
                   './MNIST/t10k-labels-idx1-ubyte.gz']
    unpack_gz(gz_file_lis)
```

7.3.2 加载数据集并进行识别

经过解压的数据集为二进制字节文件，可通过 Python 的 struct 库进行二进制解码。根据官网的介绍，MNIST 数据集的所有数据分为训练集和测试集两部分。训练集包含 6000 张数字图像，对应 6000 个数字在 0～9 之间的数据标签，每张图像分辨率为 28 像素×28 像素，因此每张图像占用的存储空间为 784 字节。此外，训练集数据的二进制字节文件中，前 16 字节为无关数据。测试集包含 10000 张数字图像及与之对应的 10000 个数据标签，图像分辨率也是 28 像素×28 像素，因此每张图像的存储空间也是 784 字节，其中测试集数据二进制字节文件中的前 12 字节为无关数据。

数据集加载的方法是，对于 MNIST 数据集的训练集，读取所有字节，跳过前面无关的 16 字节数据，并将余下的数据按照 784 字节进行分割，所得的每一组数据即为一张图像。同理，对于 MNIST 测试集，跳过 12 字节数据，并将余下的数据按照 784 字节进行分割，并按组读数据。对于 MNIST 的训练集数据标签和测试集数据标签，跳过 8 字节无关数据，余下的数据每一字节对应一个数据标签。

以下代码展示了如何完成数据的加载，并通过 Matplotlib 库将训练集和测试集的第一个数字进行绘制，将其对应的数据标签在控制台打印出来。

```
# 源程序 7-7：手写数字体识别实现源程序
import numpy as np
import os
class MNISTLoader(object):
    '''MNIST 数据加载器'''

    def __init__(self, path, dtype, sample_size, offset):
        '''MNIST 数据加载器初始化函数
        args:
            data_path: str 文件路径
            dtype: str 数据类型描述字符串
            sample_size: int 数据文件中每个样例的大小，以字节计算
            offset: int 文件头偏移量，以字节计算
        '''
        self.path = os.path.realpath(path)
        self.dtype = dtype
        self.sample_size = sample_size
        self.offset = offset

    def load(self):
        '''加载数据'''
        data = np.fromfile(self.path, dtype=self.dtype)[self.offset:]
        return data.reshape(-1, self.sample_size)

if __name__ == '__main__':
    train_data_path = './MNIST/train-images-idx3-ubyte'
    train_label_path = './MNIST/train-labels-idx1-ubyte'
    test_data_path = './MNIST/t10k-images-idx3-ubyte'
    test_label_path = './MNIST/t10k-labels-idx1-ubyte'

    # 图像分辨率为 28×28，类型为'u1'无符号单字节，文件前 16 字节为无关数据
    train_loader = MNISTLoader(train_data_path, 'u1', 28*28, 16)
    # 图像标签数据大小为 1 字节整数，文件前 8 字节为无关数据
    train_label_loader = MNISTLoader(train_label_path, 'u1', 1, 8)
    # 图像分辨率为 28×28，类型为'u1'无符号单字节，文件前 16 字节为无关数据
    test_loader = MNISTLoader(test_data_path, 'u1', 28*28, 16)
    # 图像标签数据大小为 1 字节整数，文件前 8 字节为无关数据
    test_label_loader = MNISTLoader(test_label_path, 'u1', 1, 8)

    train_data = train_loader.load( )
    train_labels = train_label_loader.load( )
    test_data = test_loader.load( )
    test_labels = test_label_loader.load( )

    # 绘制数字图像
    from matplotlib import pyplot as plt
```

```
plt.subplot(121)
plt.imshow(train_data[0].reshape(28, 28))
plt.show( )
plt.imshow(test_data[0].reshape(28, 28))
plt.show( )
print(train_labels[0], test_labels[0])
```

运行以上代码，运行结果如图 7-11 所示。将上述代码存储在本书配套代码资源 MNISTLoader.py 文件中，以提供给网络训练程序进行调用。

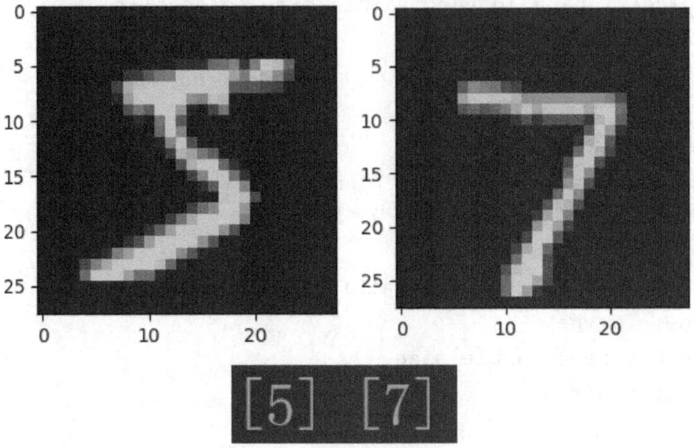

图 7-11　MNIST 加载数据和数据标签示意图

课后习题

一、选择题

1．在卷积神经网络中，以下选项中常见的情况是（　　）。

A．卷积的宽度和高度减小，通道数减少

B．卷积的宽度和高度减小，通道数增加

C．卷积的宽度和高度增大，通道数减少

D．卷积的宽度和高度增大，通道数增加

2．在卷积神经网络结构中，常见的几种情况是（　　）。

A．多层卷积层后面是池化层

B．多层卷积层后面还是卷积层

C．全连接层是最后一层

D．全连接层是第一层

3．以下是 ResNet 的关系式，正确的选项是（　　）。

$$\boldsymbol{a}^{[l+2]} = g[\boldsymbol{W}^{[l+2]} g(\boldsymbol{W}^{[l+1]} \boldsymbol{a}^{[l]} + \boldsymbol{b}^{[l+1]}) + \boldsymbol{b}^{[l+2]} + \_\_] + \_\_$$

A．0，$\boldsymbol{a}^{[l]}$　　　　B．$\boldsymbol{z}^{[l]}$，$\boldsymbol{a}^{[l]}$

C．$\boldsymbol{a}^{[l]}$，0　　　　D．0，$\boldsymbol{z}^{[l+1]}$

4．假设输入维度为 64×64×16，如果卷积核是 1×1 的，那么共有____个参数（包括偏置项）（　　）。

A．4097　　B．2　　C．17　　D．1

5．假设输入维度是 $n_H \times n_W \times n_C$，卷积核是 1×1，步长为 1，无 padding，以下说法正确的两项是（　　）。

A．卷积核的作用是减少通道数

B．卷积核的作用是减少通道数、减小输入的宽度和高度

C．池化层的作用是减小输入的宽度和高度

D．池化层的作用是减少通道数

二、判断题

1．池化层用于减小输入的宽度和高度，对卷积层进行填充可避免图像缩小过快。（　　）

2．神经网络层数越多，训练误差越小。（　　）

项目 8 人脸识别

教学导航

知识目标	1. 了解人脸识别的含义 2. 掌握人脸识别的流程 3. 了解人脸检测、人脸对齐和人脸表征的评价指标
职业技能目标	1. 能够准确概括 MTCNN 网络的特点 2. 能够识读人脸检测的实现代码 3. 能够识读人脸对齐的实现代码 4. 能够识读人脸表征的实现代码 5. 能够准确复述人脸识别的流程
知识重点	1. 人脸识别中各环节的作用 2. MTCNN 模型
知识难点	MTCNN 模型的组成
推荐教学方法	小组讨论法

知识导图

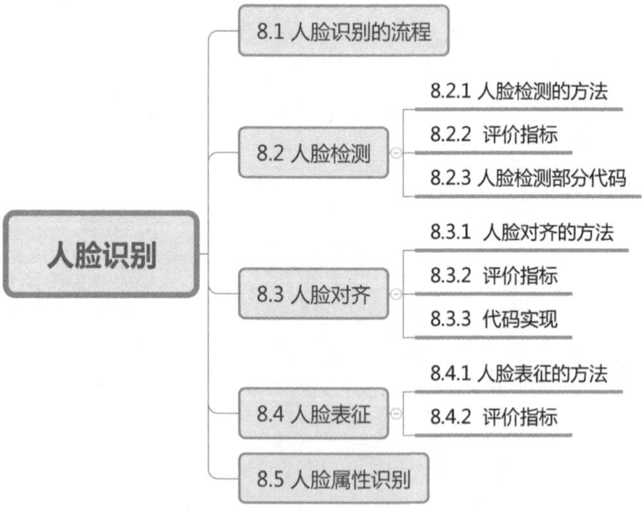

项目导入

人的脸部是用来交换社会信息的有力工具，可以显示他们的身份、性别、情绪状态、年龄，以及其他对人类交流非常重要的社会线索。

为此，从历史上看，人脸人工智能是最早发展起来的人工智能技术，也是当今最重要、应用最广泛的人工智能技术之一。例如，人脸比对（比较两张人脸的相似度）、人脸查询（在人脸库中查询相似的人脸）、人脸跟踪（精确定位并跟踪人脸区域位置）、人脸属性（检测人脸性别、年龄等属性）、活体检测（检测是否为真人、预防恶意攻击等）。

如今，人脸人工智能已被应用于安防执法、员工监管、工作场所安全，以及与人类互动的社交机器人等领域。此外，在数字经济的兴起中，人脸人工智能技术也在发挥着重要作用。人脸人工智能已经成为一个非常可靠的人员身份验证工具，目前已经被用于电商、商场的数字支付。此外，人脸人工智能识别已经成为接受大部分在线公共服务的基本要求。人脸人工智能可应用于免接触支付和乘坐公交、地铁等公共交通工具。读者在未来从事人工智能行业的工作中，一定会遇到并使用到人脸人工智能。

项目描述

在本项目中，我们将进行基于 2D 图像的端到端深度人脸识别，其将通用图像作为输入提取，并将每个人脸的深度特征提取为输出。这些人脸人工智能技术涵盖了人脸人工智能的常见应用，包括人脸检测、人脸识别、基于人脸的年龄估计、基于人脸的性别分类和基于人脸的情绪分类。我们还为读者提供了源代码。

人脸识别可以分为 3 个部分，分别是人脸检测、人脸对齐和人脸表征。

目标导航

1．了解什么是人脸识别
2．掌握人脸识别的流程
3．了解人脸检测、人脸对齐和人脸表征的方法和评价指标

8.1　人脸识别的流程

人脸识别（Face Recognition）是机器视觉中常见的应用之一，即给定一张包含人脸的图片，检测数据库中与之最相似的人脸。在实际应用中，人脸识别细分为两个任务：人脸验证和人脸确认，这显然可以被转换为一个求距离或者相似性的问题。

随着深度卷积神经网络（DCNN）的进步，基于深度学习的方法已经实现了对各种计算机视觉任务的显著改进，包括人脸识别。给定自然图像或视频帧作为输入，端到端的人脸识别系统输出人脸特征以识别。人脸识别系统使用采集的人脸图像，与数据库中的留档照片进行比对，判断用户是否为同一个人，以达到核验身份的目的。为此，整个系统通常用 3 个关键要素建立：人脸检测、人脸对齐和人脸表征。人脸识别流程示意图如图 8-1 所示。

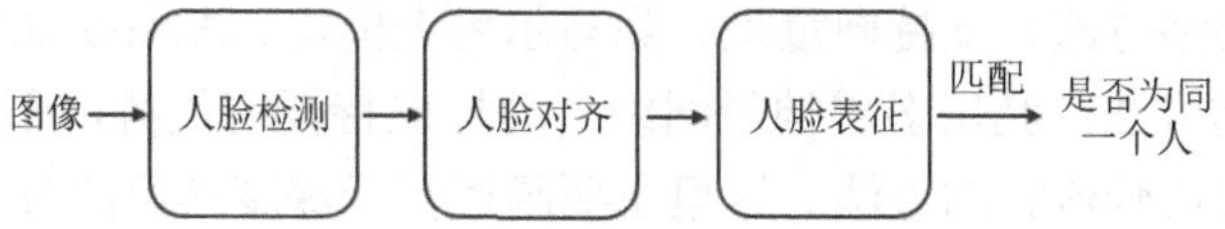

图 8-1　人脸识别流程示意图

首先，人脸检测是在输入图像上定位出人脸区域位的。然后，继续进行人脸对准，以将检测到的人脸归一化为规范布局的像素尺寸。最后，人脸表征致力于从人脸对齐后的特征上提取可分辨性特征，该功能用于计算它们之间的相似性，以便决定人脸是否属于相同的身份。

人脸识别过程如图 8-2 所示。

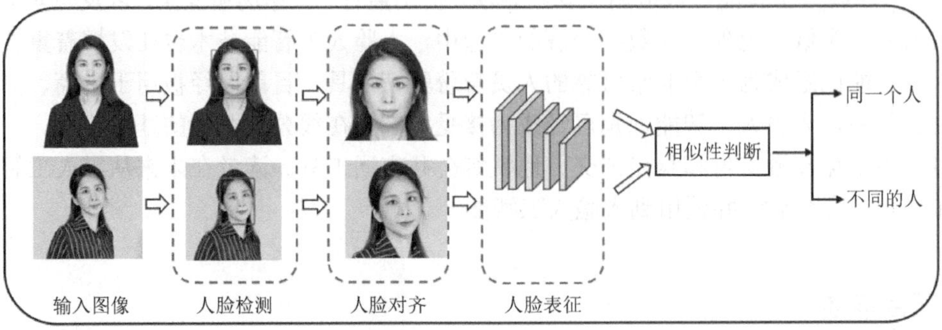

图 8-2　人脸识别过程

本架构使用深度学习进行人脸识别：一是阐述人脸检测、人脸对齐和人脸表征任务的方法和评价指标，二是阐述人脸识别损失函数来优化卷积神经网络以提取合适的人脸特征。

8.2　人脸检测

8.2.1　人脸检测的方法

人脸检测是所有人脸分析算法的前置任务，诸如人脸对齐、人脸识别、人脸验证/认证、人脸表情跟踪/识别、性别/年龄识别等技术皆以人脸检测为先导，它的好坏直接影响着人脸分析的技术走向和落地。搭建人脸识别系统的第一步是人脸检测。

人脸检测属于计算机视觉的范畴，如检测人脸位置、锁定人脸坐标，也就是在图片中找到人脸的位置。在这个过程中，人脸检测是人脸识别系统的第一过程。系统的输入是一个可能包含人脸的图像，人脸检测旨在找到图像中的所有面，系统的输出是以一定置信度表示的人脸位置的矩形框(x,y,w,h)。人脸检测的主要挑战包括不同的分辨率、规模、姿势、光照、遮挡等。

目前人脸检测的方法主要有 3 大类：基于知识的方法、基于统计的方法和基于深度学习的方法。前两者属于传统机器学习的范畴。

基于知识的方法：主要利用先验知识将人脸看作器官特征的组合，根据眼睛、眉毛、嘴巴、鼻子等器官的特征及相互之间的几何位置关系来检测人脸。主要包括模板匹配、人脸特征、形状与边缘、纹理特性、颜色特征等方法。

基于统计的方法：将人脸看作一个整体的模式——二维像素矩阵，从统计的观点通过大量人脸图像样本构造人脸模式空间，根据相似度量来判断人脸是否存在。主要包括主成分分析与特征脸、神经网络方法、支持向量机、隐马尔可夫模型、Adaboost 算法等。

基于深度学习的方法：利用多层神经网络自动提取特征的优势，不需要对人脸图像进行过多的标注，是目前比较流行的方法。这里主要阐述基于深度学习的方法。

这里给出一种经典的高精度实时人脸检测和对齐技术的卷积网络——MTCNN（多任务级联卷积神经网络）。MTCNN 可以同时处理人脸检测和人脸关键点定位问题，这里的关键点通过使用 5 个特征点进行标定。MTCNN 由 3 个神经网络组成，分别是 P-Net、R-Net、O-Net。每个 MTCNN 均有 3 个学习任务，分别是人脸分类、边框回归和关键点定位。每一级的输出作为下一级的输入。MTCNN 的功能流程示意图如图 8-3 所示。

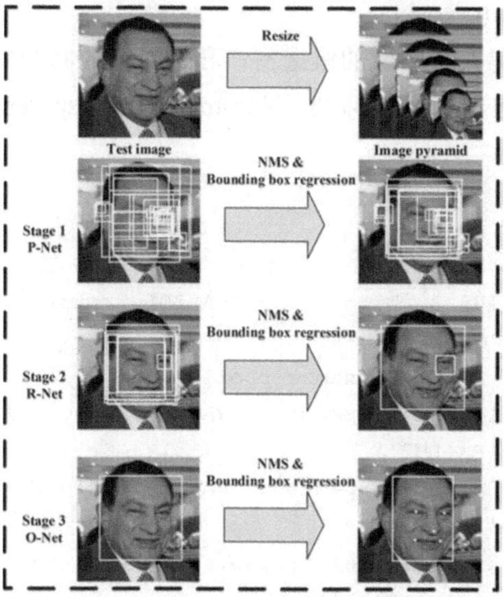

图 8-3　MTCNN 的功能流程示意图

在进入这个网络之前，首先要将原始图片缩放到不同尺寸，形成一个“图像金字塔”，然后对每个尺寸的图片进行神经网络计算，最后经过 3 个网络的特征提取，即 P-Net、R-Net 和 O-Net。MTCNN 中的 P-Net、R-Net 和 O-Net 结构图如图 8-4 所示。

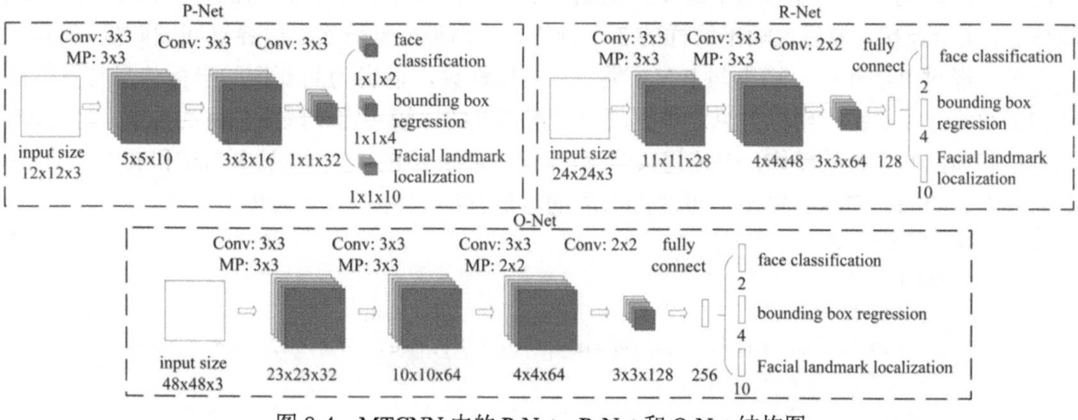

图 8-4　MTCNN 中的 P-Net、R-Net 和 O-Net 结构图

P-Net（Proposal Network，提案网络）可以接受任意尺寸的输入，输入图片的尺寸为 12×12×3，从图 8-4 可以看出 P-Net 这个网络经过 3 次卷积、1 次池化、1 次全连接，最后输出 3 个分支，分别是面部分类、边界框回归向量和面部标记定位。

第 1 分支是面部分类，判断该输入图像是否为人脸，输出向量的形状为 1×1×2，也就是两个值，分别为该图像是人脸的概率和不是人脸的概率，这两个值相加为 1。

第 2 分支是边界框回归向量，也称框回归。这是为了解决输入图片中人脸位置有偏移、不完美的问题，需要输出当前框位置相对于完美的人脸框位置的偏移，所以这个分支的输出值是框左上角的横坐标的相对偏移、框左上角的纵坐标的相对偏移、框的宽度的误差、框的高度的误差，输出向量的形状为 1×1×4。

第 3 分支是面部标记定位，给出了人脸的 5 个关键点的位置。5 个关键点分别是左眼位置、右眼位置、鼻子位置、左嘴角位置和右嘴角位置。每个关键点需要横坐标和纵坐标来表示，因此输出形状为 1×1×10。

该网络结构主要是获得人脸区域的候选窗口和边界框的回归向量，用这个边界框作回归，对候选窗口进行校准，通过非极大值抑制（Non-maximum Suppression，NMS）来合并高度重叠的候选框。

```
class PNet(Network):
    def setup(self):
        (self.feed('data')
            .conv(3, 3, 10, 1, 1, padding='VALID', relu=False, name='conv1')
            .prelu(name='PReLU1')
            .max_pool(2, 2, 2, 2, name='pool1')
            .conv(3, 3, 16, 1, 1, padding='VALID', relu=False, name='conv2')
            .prelu(name='PReLU2')
            .conv(3, 3, 32, 1, 1, padding='VALID', relu=False, name='conv3')
            .prelu(name='PReLU3')
            .conv(1, 1, 2, 1, 1, relu=False, name='conv4-1')
            .softmax(3, name='prob1'))

        (self.feed('PReLU3')
            .conv(1, 1, 4, 1, 1, relu=False, name='conv4-2'))
```

R-Net（Refine Network，精炼网络）可以将从第一个阶段的 P-Net 中输出的所有框，重新处理到 24×24 的尺寸，输入 R-Net 中。从图 8-4 可以看出 R-Net 这个网络经过 3 次卷积、2 次池化、1 次全连接，最后也输出同样的 3 个分支，分别是面部分类、边界框回归向量和面部标记定位。经过 R-Net 后，输出与 P-Net 类似，具体地说，输出为面部框的坐标信息与置信度、回归系数信息和关键点坐标信息。根据阈值与置信度的比较决定一些面部框的去留，经过非极大值抑制和回归系数的精修，去掉冗余信息，消除 P-Net 中的误判情况。P-Net 和 R-Net 的结构非常相似，将每个 P-Net 输出的可能为人脸的区域都缩放为 24×24 大小的尺寸。

```
class RNet(Network):
    def setup(self):
        (self.feed('data')
            .conv(3, 3, 28, 1, 1, padding='VALID', relu=False, name='conv1')
            .prelu(name='prelu1')
            .max_pool(3, 3, 2, 2, name='pool1')
            .conv(3, 3, 48, 1, 1, padding='VALID', relu=False, name='conv2')
            .prelu(name='prelu2')
            .max_pool(3, 3, 2, 2, padding='VALID', name='pool2')
            .conv(2, 2, 64, 1, 1, padding='VALID', relu=False, name='conv3')
            .prelu(name='prelu3')
            .fc(128, relu=False, name='conv4')
            .prelu(name='prelu4')
            .fc(2, relu=False, name='conv5-1')
            .softmax(1, name='prob1'))

        (self.feed('prelu4')
```

```
        .fc(4, relu=False, name='conv5-2'))
```

O-Net（Output Network，输出网络）的输入大小为 48×48×3 的图像，从图 8-4 可以看出 O-Net 这个网络经过 4 次卷积、3 次池化、1 次全连接，最后也输出同样的 3 个分支，分别是面部分类、边界框回归向量和面部标记定位。详细地说，最后的输出是面部框的坐标信息与置信度、回归系数信息和关键点坐标信息。该层比上一层多了一层卷积，处理的结果也会更精细。关键点输出信息的输出在图 8-4 中显示的是 10，实则这个输出分支是个二维数组 number×10，number 是人脸框的数量，10 是 5 个关键点的横纵坐标的个数。

经过 O-Net，输出一个包含人脸框与人脸关键点的检测图像。与前一层比，输入尺寸变为 48×48×3 了，而且网络的通道和层数更多了，这就大大提升了网络的表达能力。

```
class ONet(Network):
    def setup(self):
        (self.feed('data')
            .conv(3, 3, 32, 1, 1, padding='VALID', relu=False, name='conv1')
            .prelu(name='prelu1')
            .max_pool(3, 3, 2, 2, name='pool1')
            .conv(3, 3, 64, 1, 1, padding='VALID', relu=False, name='conv2')
            .prelu(name='prelu2')
            .max_pool(3, 3, 2, 2, padding='VALID', name='pool2')
            .conv(3, 3, 64, 1, 1, padding='VALID', relu=False, name='conv3')
            .prelu(name='prelu3')
            .max_pool(2, 2, 2, 2, name='pool3')
            .conv(2, 2, 128, 1, 1, padding='VALID', relu=False, name='conv4')
            .prelu(name='prelu4')
            .fc(256, relu=False, name='conv5')
            .prelu(name='prelu5')
            .fc(2, relu=False, name='conv6-1')
            .softmax(1, name='prob1'))

        (self.feed('prelu5')
            .fc(4, relu=False, name='conv6-2'))

         (self.feed('prelu5')
            .fc(10, relu=False, name='conv6-3'))
```

既然 P-Net、R-Net 和 O-Net 这 3 个网络结构类似，功能类似，为什么还要设置 3 个网络呢？这是因为对于深层网络来说，运行速度很关键，P-Net 的运行速度最快，O-Net 的运行速度最慢，实际上 P-Net 先做了一遍过滤，然后将过滤后的结果交给 R-Net 进行过滤，最后将过滤后的结果交给效果最好但速度较慢的 O-Net 进行判别。这样在每一步都提前减少了需要判别的数量，有效减少了处理时间。

MTCNN 具备准确度高的优点，但是由于使用图像金字塔算法，需要多次迭代，耗时较多并且受图片大小影响较大，同时，由于 MTCNN 的各级网络都需要对输入进行预处理，所以比较耗时。总之，没有十全十美的网络。

8.2.2 评价指标

与一般的物体检测一样，平均精度（AP）是一个广泛使用的衡量人脸检测性能的指标。

平均精度是由精度-召回曲线得出的。

为了获得精度和召回率，联合交集（IOU）被用来测量被预测的边界框和 Ground-True 的重叠程度，可以表述为：

$$\text{IOU} = \frac{\text{area}(B_p \cap B_{gt})}{\text{area}(B_p \cup B_{gt})}$$

式中，B_p 代表预测的框；B_{gt} 代表 Ground-True 的框。IOU 示意图如图 8-5 所示。

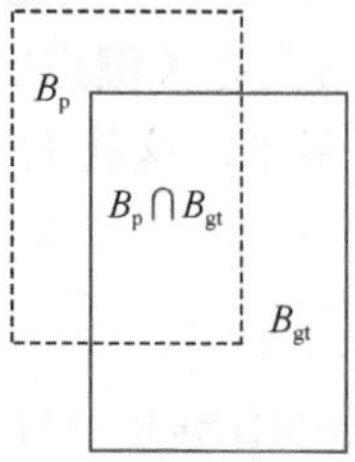

图 8-5　IOU 示意图

在图 8-5 中，实线框是标签框，虚线框是预测框。

8.2.3　人脸检测部分代码

```
class FaceDetector_MTCNN:
    def __init__(self, path, optimize, minfacesize):
        from mtcnn.mtcnn import MTCNN # lazy loading
        self._optimize = optimize
        self._minfacesize = minfacesize
        self._detector = MTCNN(min_face_size = minfacesize)

    def detect(self, frame):
        faces = self._detector.detect_faces(frame)
        faces_updated = []
        for face in faces:
            boxd = face['box']
            (x, y, w, h) = (boxd[0], boxd[1], boxd[2], boxd[3])
            faces_updated.append((x, y, w, h))
        return faces_updated
```

8.3　人脸对齐

8.3.1　人脸对齐的方法

在第二阶段，人脸对齐旨在将检测到的人脸校准到规范视图，这是改善人脸识别的端到端性能的基本程序。由于人脸具有常规结构，其中人脸部件（眼睛、鼻子、嘴巴等）具有恒定的布置，因此人脸对齐对于人脸识别的后续特征计算具有很大的益处。

对于大多数现有的人脸对齐方法，人脸地标或所谓的人脸关键点（见图 8-6）是必不可少的，因为它们可以作为相似性变换或仿射变换的参考。人脸地标定位是基于地标对齐的核心任务。

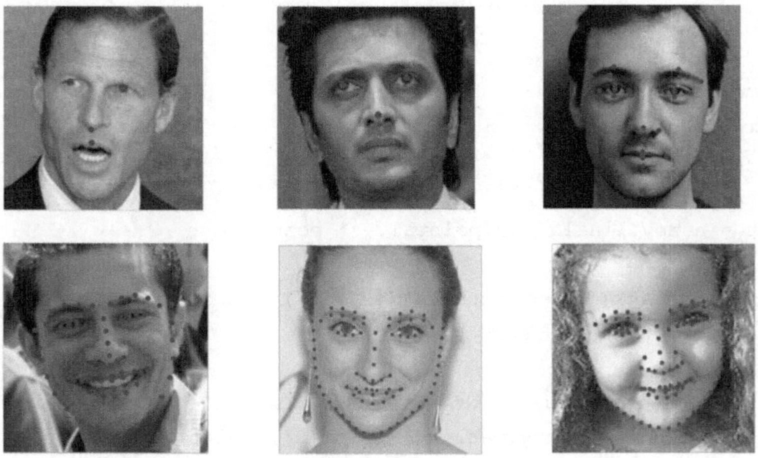

图 8-6　人脸的几种关键点

这里介绍一下端到端人脸对齐的基本流程，如图 8-7 所示。

图 8-7　端到端人脸对齐流程图

图 8-7 中前面检测到的人脸，称为“松散”的人脸，经过对齐网络的对齐操作后，人脸达到了一个标准化的规范视图的要求，将对齐的人脸输入表征网络，进行特征的学习和提取，就可以得到人脸的特征表示，以上输出用于后续的人脸识别。

8.3.2　评价指标

对于人脸地标定位，广泛使用的评估度量是通过归一化平均误差（NME）测量点对点欧几里得距离，其可以定义为：

$$\mathrm{NME}=\frac{1}{N}\sum_{i=1}^{N}\frac{\| p_i-g_i \|_2}{d}$$

式中，N 代表地标的数量；p_i, g_i 分别代表人脸地标预测和标签的坐标；i 代表地标的序列号；d 代表归一化的距离，其由眼间距离或瞳孔间距离限定。归一化的距离 d 用来缓解由不同脸部比例和大姿态引起的异常测量。

8.3.3　代码实现

```
def transformation_from_points(points1, points2):
    points1 = points1.astype(numpy.float64)
    points2 = points2.astype(numpy.float64)
    c1 = numpy.mean(points1, axis=0)
    c2 = numpy.mean(points2, axis=0)
```

```
    points1 -= c1
    points2 -= c2
    s1 = numpy.std(points1)
    s2 = numpy.std(points2)
    points1 /= s1
    points2 /= s2
    U, S, Vt = numpy.linalg.svd(points1.T * points2)
    R = (U * Vt).T
   return numpy.vstack([numpy.hstack(((s2 / s1) * R,c2.T - (s2 / s1) * R *
c1.T)),numpy.matrix([0., 0., 1.])])

 def warp_im(img_im, orgi_landmarks,tar_landmarks):
   pts1 = numpy.float64(numpy.matrix([[point[0], point[1]] for point in
orgi_landmarks]))
   pts2 = numpy.float64(numpy.matrix([[point[0], point[1]] for point in
tar_landmarks]))
   M = transformation_from_points(pts1, pts2)
   dst = cv2.warpAffine(img_im, M[:2], (img_im.shape[1], img_im.shape[0]))
   return dst
```

8.4 人脸表征

Gallery（注册集）和 Probe（查询集）都是仅在测试集出现的概念，人脸识别的任务可以理解为现有一张新的人脸图片，需要从一个巨大的数据库中寻找匹配的图片以判断这张新的图片中的人是谁。这个数据库就是 Gallery（注册集）。

在训练阶段，期望的是模型能根据两张标注好的图像更好地提取特征，以及判断相似度。这个过程的数据来源是标注好的图像，目标仅仅是训练模型对预处理好的训练图像的特征提取能力。

在测试阶段，在查询集中选取元素和注册集中的样本进行比对，最终测试阶段对模型性能的评估是根据查询集中元素查询的效果来反映的。这个阶段的任务有两个，一个是人脸验证，即 1∶1 任务，主要应用于银行柜台、刷脸进站、手机解锁等场合；另一个是人脸识别，即 1∶*n* 任务，主要应用于安防、门禁、考勤机等。

人脸表征流程示意图如图 8-8 所示。

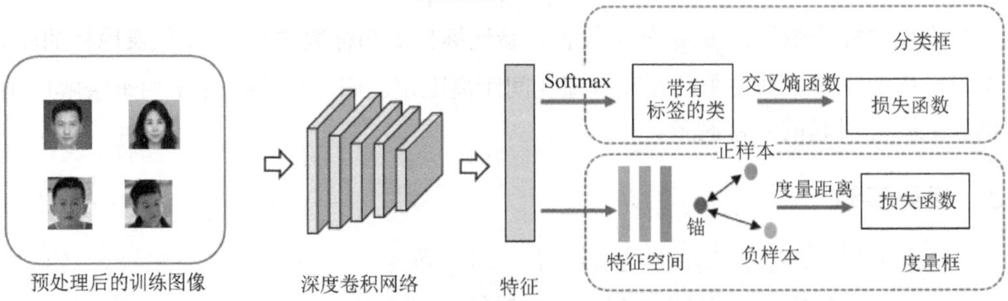

图 8-8　人脸表征流程示意图

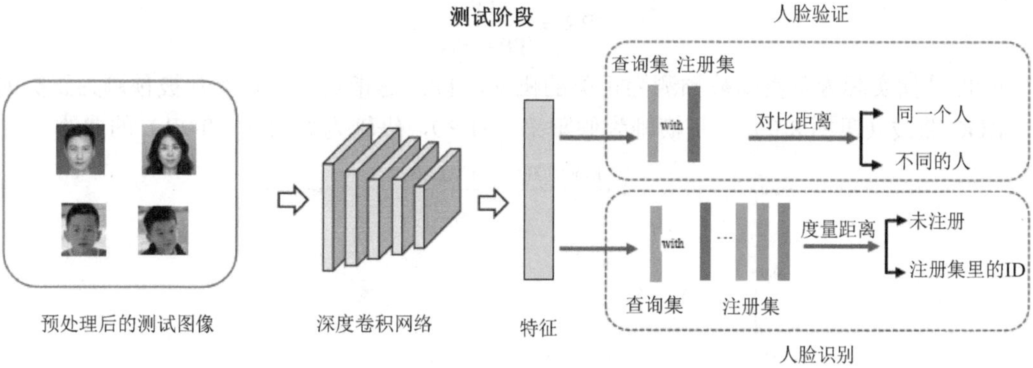

图 8-8 人脸表征流程示意图（续）

8.4.1 人脸表征的方法

作为人脸识别系统的关键步骤，人脸表征致力于学习人脸模型并使用它从预处理的人脸中提取用于识别的特征，该特征用于计算匹配面的相似性。在人脸表征阶段，人脸图像的像素值会被转换成紧凑且可判别的特征向量，这也称模板（Template）。两个模板会进行比较，从而得到一个相似度分数，这个相似度分数与设定的阈值进行比较，比较得出的差值可以给出两者属于同一个主体的可能性。

人脸识别中的特征提取技术，目前应用于深度学习效果比较好。人脸表示的改善部分得益于深度架构设计的进步。从最早的 Siamese Network，到 MTCNN、Insight Face（ArcFace）、DeepID、Facenet 等，人脸识别的准确度在不断提高。卷积神经网络（CNN）是人脸识别方面最常用的一类深度学习方法。深度学习的主要优势是可用大量数据来训练，从而学到稳健的人脸表征。这种方法不需要设计对不同类型的类内差异（如光照、姿势、面部表情、年龄等）稳健的特定特征，而可以从训练数据中学到它们。本项目网络结构是基于卷积神经网络结构的。

8.4.2 评价指标

面部识别的性能最终通常在两个任务中进行评估：验证和识别。

1．人脸验证的评价指标

针对人脸验证，即判断是不是同一个人，属于 1∶1 任务。ROC 曲线及其 AUC（ROC 曲线下面积）被广泛用于评估人脸验证任务的性能。

下面介绍一下混淆矩阵，它是分类模型评判的指标。混淆矩阵如表 8-1 所示。

表 8-1 混淆矩阵

项　目	预测为正类	预测为负类
实际为正类	TP	FN
实际为负类	FP	TN

其中，T=True，正确；F=False，错误；P=Positive，正；N=Negative，负。

常用的假阳率 FPR、真阳率 TPR 就可以表示为：

$$\mathrm{FPR}=\frac{\mathrm{FP}}{\mathrm{FP}+\mathrm{TN}}$$

$$\mathrm{TPR}=\frac{\mathrm{TP}}{\mathrm{TP}+\mathrm{FN}}$$

FPR 是指实际为负类却被预测为正类的概率，TPR 是指实际为正类却被预测为正类的概率。ROC 曲线（见图 8-9）就是横轴为假阳率（FPR），纵轴为真阳率（TPR）的曲线。

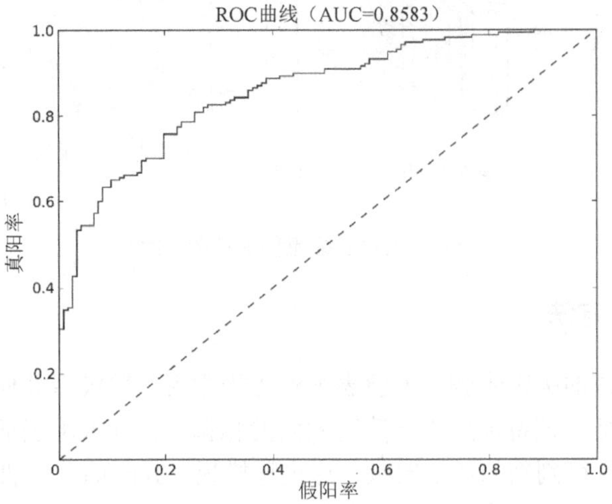

图 8-9　ROC 曲线

真阳率（TPR）越大，假阳率（FPR）越小，性能越好。理想的情况就是 TPR=1，FPR=0。ROC 曲线下面积的一般取值范围为[0.5,1]。AUC 越大，分类模型效果越好。

2. 人脸识别的评价指标

人脸识别任务确定测试样本是否属于注册集中的注册身份，属于 1∶*n* 任务。通常，人脸识别面对两个任务，即开放式识别和闭合式识别。开放式识别是指测试样本不一定是注册集中包含的身份，这是实践中的一般情况。一般使用 Top*n* 去评价，也就是概率较高的前 *n* 个项。闭合式识别是指测试样本一定是注册集中包含的身份。

8.5　人脸属性识别

人脸属性识别是指通过人脸识别判断性别、年龄和情绪。人脸属性识别效果如图 8-10 所示。

图 8-10　人脸属性识别效果

部分实现代码如下。

```
# tf 模型的前向推理，得到 3 个 softmax 的概率输出
predict_y_smile_conv = sess.run(y_smile_conv, feed_dict={x: test_img,
phase_train: False, keep_prob: 1})
predict_y_gender_conv = sess.run(y_gender_conv, feed_dict={x: test_img,
phase_train: False, keep_prob: 1})
predict_y_age_conv = sess.run(y_age_conv, feed_dict={x: test_img, phase_train:
False, keep_prob: 1})

# 判断是否微笑
smile_label = "No " if np.argmax(predict_y_smile_conv)==0 else "Yes "
# 判断性别
gender_label = "Female " if np.argmax(predict_y_gender_conv)==0 else "Male "
# 判断年龄
argmax_predict_age = np.argmax(predict_y_age_conv)
if argmax_predict_age==0:
    age_label = "Young (age < 30) "
elif argmax_predict_age==1:
    age_label = "Middle (30 <= age <45) "
elif argmax_predict_age==2:
    age_label = "Old (45 <= age < 60) "
else :
    age_label = "Very Old (60 <= age) "

print('Smile: ' + smile_label + str(predict_y_smile_conv))
print('Gender: ' + gender_label + str(predict_y_gender_conv))
print('Age: ' + age_label + str(predict_y_age_conv))
```

代码详见本书配套代码资源 Face_recognition 文件。

项目 9

商品情感分析

教学导航

知识目标	1. 理解自然语言处理的含义及常见应用 2. 了解商品情感分析的应用意义 3. 掌握商品情感分析的步骤 4. 理解分词的含义
职业技能目标	1. 能够准确叙述商品情感分析的步骤 2. 能够读懂商品情感分析代码
知识重点	1. 分词 2. 去除停用词
知识难点	1. 分词 2. 去除停用词
推荐教学方法	小组讨论法、示范教学法

知识导图

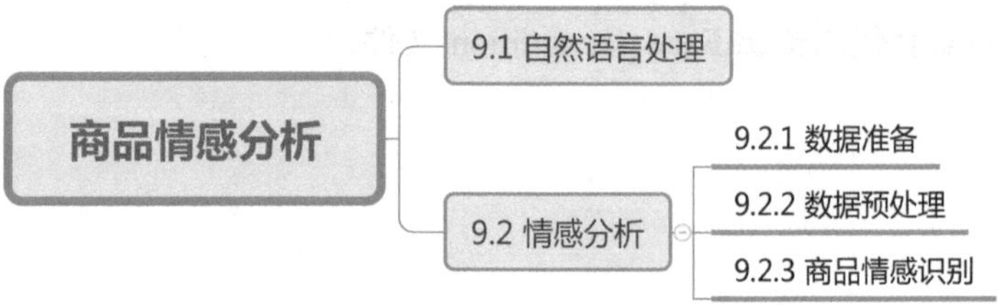

项目导入

在电商平台竞争愈加激烈的大背景下，除了提高商品质量、降低商品价格，了解更多消费者对于产品或者服务的评价，对于电商平台来说变得越来越重要，其中有效的方式就是根据消费者的文本评论进行数据分析。

这就要求计算机能够像人一样去理解、思考问题并做出判断，而且基于大数据的模型会变得越来越“聪明”，本项目模型就是经过大量数据的训练，形成一个商品情感分析的模型，能够较准确地判断用户评价的积极性或者消极性。

项目描述

针对某商城的消费者文本评论数据文本库，通过对文本进行基本的预处理，如中文分词、停用词过滤等，训练出一个可以实现区分正负面评论的模型，实现对文本评论数据的倾向性判断及对隐藏信息的挖掘、分析，以得到有价值的结论。

目标导航

1. 理解并掌握自然语言处理的含义及常见应用
2. 了解情感分析的应用意义
3. 掌握商品情感识别的步骤
4. 能够读懂商品情感分析代码

9.1 自然语言处理

自然语言处理技术在人们的日常生活中扮演着越来越重要的角色，可以在人机交互之间搭建一座桥梁，使得计算机能够理解、处理自然语言，能够像人一样具有判断力。只有计算机真的能够理解文字的意思，才算实现了一定意义的智能。例如，机器翻译、语言生成、提问和回答等都是自然语言处理的范畴。

自然语言处理要解决的基本问题是自然语言理解的问题。自然语言处理在词、句、义和篇上都有应用方向，在机器翻译、智能回答、个性化推荐、文本分类和语音助手等方面都具有重要的应用。自然语言处理应用方向如图 9-1 所示。

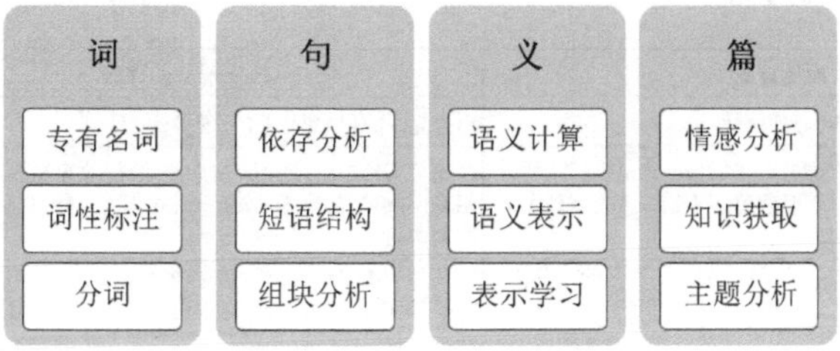

图 9-1 自然语言处理应用方向

9.2 情感分析

情感分析是指从大量的数据中识别和提取相关信息，理解其深层意思，从而能够判断一段文字所表达的态度（正面、中性或者负面）。例如，可以用于分析消费者对于产品和服务的评论，从而做出判断，实现商业模式的重要调整；也可以用于网络舆情监管，自动分析文本中的敏感词、语气或情感，做出对舆情好坏的判断，及时对危机舆情进行监控。

商品情感分析是自然语言处理中“篇”这个层级的应用，是人工智能技术中自然语言处理的应用。商品情感分析可以分为如下 3 个步骤。

（1）数据准备。

（2）数据预处理。

（3）商品情感识别。

9.2.1 数据准备

这里对项目所使用的数据进行展示，如图 9-2 和图 9-3 所示。

1．对商品或服务的差评

序号	原始评论	预处理后的评价	标签值	预测值
5301	就是短了，三件一起买 ，m 码，居然都不一样长 一样宽，不建议购买	就是短了, 三件一起买, 码, 居然都不一样长, 一样宽, 不建议购买	1	0.726093
5302	还行 续点 背心男 无袖背心男夏季宽肩v领男士健身休闲汗背心	还行, 续点, 背心男, 无袖背心男夏季宽肩, 领男士健身休闲汗背心	1	0.539081
5303	质量一般的，穿一次就变形了	质量一般的, 穿一次就变形了	1	0.78321
5304	儿不是垃圾衣服*！！！	儿不是垃圾衣服	1	0.970041
5305	不满意，搞得我心情很不好!!!!	不满意, 搞得我心情很不好	1	0.880844
5306	没佣金也没礼品！差评！	没佣金也没礼品, 差评	1	0.963704
5307	太次，布料真心垃圾	太次, 布料真心垃圾	1	0.95808
5308	写好买两条送裤带，结果没送，跟客服联系客服让我联系卖家，跟卖家留言也没回音，简直是欺骗消费者	写好买两条送裤带, 结果没送, 跟客服联系客服让我联系卖家, 跟卖家留言也没回音, 简直是欺骗消费者	1	0.990013
5309	上当了，骗子……………………………………自己理解	上当了, 骗子, 自己理解	1	0.992675
5310	哎 都无语啦 不知道用什么词来形容这次不爽的购物啦 一个多星期才发货 而且中间还催过两次 半月啦 在此期间没有接到任何延后发货的通知，老板真不怎么，看到衣服也没有心情穿，买衣服时看到差评不太好也没有在意 这次是受教啦 花钱买教训 这是唯一比较值得的地方！！	哎, 都无语啦, 不知道用什么词来形容这次不爽的购物啦, 一个多星期才发货, 而且中间还催过两次, 半月啦, 在此期间没有接到任何延后发货的通知, 老板真不怎么, 看到衣服也没有心情穿, 买衣服时看到差评不太好也没有在意, 这次是受教啦, 花钱买教训, 这是唯一比较值得的地方	1	0.998072
5311	不行质量太差了，线头超级多。	不行质量太差了, 线头超级多	1	0.981112
5312	一点都不直啊，垃圾，到处都是线头，还有些地方没缝好	一点都不直啊, 垃圾, 到处都是线头, 还有些地方没缝好	1	0.966366
5313	要加绒的收到的是没加绒的，. 图片上的颜色与实物相差太多	要加绒的收到的是没加绒的, 图片上的颜色与实物相差太多	1	0.893401
5314	有色差！不满意	有色差, 不满意	1	0.505321

图 9-2　某电商平台的客户差评文本

2．对商品或服务的好评

序号	原始评论	预处理后的评价	标签值	预测值
0	很合算，还有小瓶装的，方便携带。	很合算, 还有小瓶装的, 方便携带	0	0.0801795
1	产品是新包装，日期到2020年，618价格合适，京东物流值得赞，虽然赶上618，但是物流还不错，三天就到了，感谢京东，完美的购物体验	产品是新包装, 日期到, 年, 价格合适, 京东物流值得赞, 虽然赶上, 但是物流还不错, 三天就到了, 感谢京东, 完美的购物体验	0	0.0103953
2	直接盒子送来的～没有包装～这个我是不在乎的～节能环保哈哈～里面是两瓶洗发水?一瓶护发素?五个小样～没用过沙宣～第一次尝试～和海飞丝一起下单买的用了券比较划算～	直接盒子送来的, 没有包装, 这个我是不在乎的, 节能环保哈哈, 里面是两瓶洗发水, 一瓶护发素, 五个小样, 没用过沙宣, 第一次尝试, 和海飞丝一起下单买的用了券比较划算	0	0.265225
3	速度非常快，隔天到，送货到家，快递员服务态度很好，值得推荐，点个赞！	速度非常快, 隔天到, 送货到家, 快递员服务态度很好, 值得推荐, 点个赞	0	0.0034937
4	没有闻到什么生姜的辛辣味，也不知道效果好不好，不过泡沫挺丰富，但愿效果不错吧	没有闻到什么生姜的辛辣味, 也不知道效果好不好, 不过泡沫挺丰富, 但愿效果不错吧	0	0.164072
5	买套装挺划算的，不错，和超市买的一样一样的	买套装挺划算的, 不错, 和超市买的一样一样的	0	0.0682089
6	一直用清扬，习惯了，换其他的洗总会感觉不舒服。现在在用，感觉很好，是正品，价格还好。所以以后还是再买。	一直用清扬, 习惯了, 换其他的洗总会感觉不舒服, 现在在用, 感觉很好, 是正品, 价格还好, 所以以后还是再买	0	0.194818
7	用了这么多洗发水，还是觉得清扬男士最适合我	用了这么多洗发水, 还是觉得清扬男士最适合我	0	0.338937
8	好，618爆仓了，这次物流稍微有点慢。东西还可以，我的也没有送吹风机。同问(??　??)，有的话记得给我补发	好, 爆仓了, 这次物流稍微有点慢, 东西还可以, 我的也没有送吹风机, 同问, 有的话记得给我补发	0	0.332579
9	活动价优惠多多，囤货。香味很正，包装也很好，相信京东！	活动价优惠多多, 囤货, 香味很正, 包装也很好, 相信京东	0	0.0166608

图 9-3　某电商平台的客户好评文本

9.2.2 数据预处理

1．分词处理

分词处理利用 jieba 分词工具进行分词及词性标注。这里需要用到一个分词库——jieba 分词库，使用命令“pip install jieba”即可以安装该库。

分词处理的实现代码如下。

```
In [*]: if DATA_SAMPLE:
            positive_data = data.loc[data.GroundTruth == 0]
            negetive_data = data.loc[data.GroundTruth == 1]
            data_sample = pd.concat([positive_data.sample(SAMPLE), negetive_data.sample(SAMPLE)], axis=0)
        else:
            data_sample = data
```

```
In [*]: import jieba
        comments = data_sample.comment_zh
        label = data_sample.GroundTruth
        sentences = []
        for comment in comments:
            sentences.append(' '.join(jieba.cut(comment)))
```

2．去除停用词

何为停用词？停用词是指文本处理中类似于“!”“#”“%”“啊”“哈”“哇”之类的词语，这些词对于分词没有实质性的用处，需要去除。实现代码如下。

```
In [*]: from sklearn.feature_extraction.text import TfidfVectorizer, CountVectorizer
        vec = TfidfVectorizer(stop_words=stopwords)
        vec = CountVectorizer(stop_words=stopwords)
        X_train = vec.fit_transform(x_train)
        X_test = vec.transform(x_test)
        X_train.shape
```

3．知识拓展

TF-IDF（Term Frequency-Inverse Document Frequency）是一种用于资讯检索与资讯探勘的常用加权技术。TF-IDF 是一种统计方法，用以评估一个词语对于一个文件集或一个语料库中的其中一份文件的重要程度。词语的重要性随着它在文档中出现的次数成正比提高，但同时会随着它在语料库中出现的次数成反比下降。

词频（Term Frequency，TF）指的是某一个给定的词语在该文件中出现的次数。这个数字通常会被归一化（分子一般小于分母，区别于 IDF），以防止它偏向长的文件（同一个词语在长文件中可能会比在短文件中有更高的词频，而不管该词语重要与否）。

$$\mathrm{TF}_{i,j}=\frac{n_{i,j}}{\sum_k n_{k,j}} \tag{9-1}$$

式中，$n_{i,j}$ 为词语 i 在文档 j 中出现的次数；$\sum_k n_{k,j}$ 为所有词语在文档 j 中出现的次数。

逆文档频率（Inverse Document Frequency，IDF）是一个词语普遍重要性的度量，若包含词条 t 的文档越少，IDF 越大（见后续公式），则说明词条 t 具有很好的类别区分能力。

$$\mathrm{IDF}_i=\log\frac{|D|}{1+|j:t_i\in d_j|} \tag{9-2}$$

式中，$|D|$ 为语料库中的文件总数；$1+|j:t_i\in d_j|$ 为包含词语 i 的文件数目。

如果某个词或短语在一篇文章中出现的频率高，并且在其他文章中很少出现，那么认为此词或短语具有很好的类别区分能力，适合用来分类。TF-IDF 实际上是 TF×IDF。即：

$$\text{TF-IDF}_{i,j}=\mathrm{TF}_{i,j}\times\mathrm{IDF}_i$$

TF-IDF 与一个词语在文档中的出现次数成正比，与该词语在语料库中的出现次数成反比。

9.2.3　商品情感识别

1．分类

这里使用朴素贝叶斯分类算法进行分类，实现代码如下。

```
In [*]: import sklearn.naive_bayes as bayes
        bnb = bayes.BernoulliNB()
        bnb.fit(X_train,y_train)
        bnb.score(X_test, y_test)
```

2. 预测

对于训练好的模型进行预测，实现代码如下。

```
In [*]: def comment_predict(comment):
            comment_cut = ' '.join(jieba.cut(comment))
            comment_trans = vec.transform([comment_cut])
            return bnb.predict(comment_trans)[0]
```

```
In [*]: comment_predict("慎重考虑")
```

代码详见本书配套代码资源 Comment_analyse_with_bayes.jpynb。

项目 10

车牌识别

教学导航

知识目标	1. 了解图像识别的流程 2. 掌握计算机中图像的存储和表达形式 3. 理解灰度化、二值化、图像缩放等预处理方法的含义 4. 掌握车牌识别的流程 5. 了解边缘检测、膨胀的作用
职业技能目标	1. 能够准确叙述车牌识别的流程 2. 能够读懂灰度化处理等代码
知识重点	1. 灰度化 2. 二值化 3. 车牌识别的流程
知识难点	车牌识别代码
推荐教学方法	小组讨论法、示范教学法

知识导图

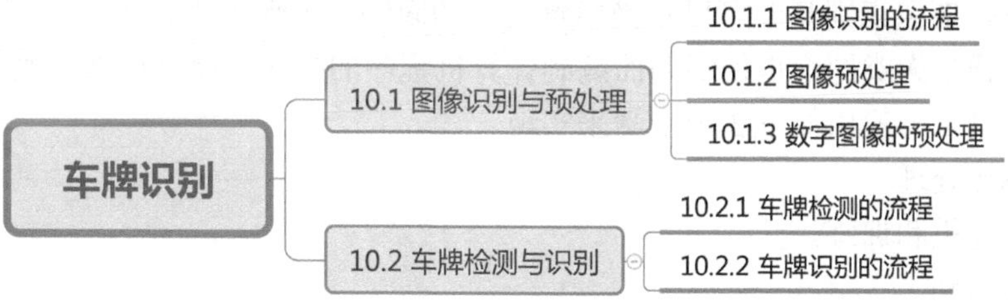

项目导入

现在很多车库、小区都安装了智能车牌识别系统。当汽车经过车库出入口时，安装在闸机附近的摄像头对汽车的车牌进行拍照、识别并传递到后台智能系统。智能系统通过数据库中的数据对比，来决定是否抬杠放行。这就是车牌识别的典型应用之一。

闸机识别车牌的智能系统使用的是人工智能中的图像识别技术，该技术相对比较成熟，下面将进行系统的学习。

本项目通过对数字的识别，引导读者体验并掌握图像识别所涉及的主要算法和代码实现。本项目从了解计算机中的图像数据获取和处理入手，重点在图像检测和图像识别方面。车牌识别涉及的技术包括视频监控、图像检测、图像分割和光学字符识别（OCR）等。这里的重点在于车牌识别，也就忽略了视频监控这个环节。

项目描述

车牌识别主要有 2 个步骤，即检测与识别。其中车牌检测的目标是在图像或视频帧中检测到车牌的位置。在完成这一步后，进行识别部分，这里使用 OCR 算法来识别车牌上的字符，其中有数字，也有字母。

车牌识别分为 2 个任务，分别是：

1. 图像识别与预处理
2. 车牌检测与识别

10.1 图像识别与预处理

目标导航

1. 了解图像识别的流程
2. 掌握计算机中图像的存储和表达形式
3. 掌握利用 Python 对数字图像进行基本预处理的方法

10.1.1 图像识别的流程

人的图像识别能力是很强的。图像距离的改变或图像在感觉器官上作用位置的改变，都会造成图像在视网膜上的大小和形状的改变。即使在这种情况下，人们仍然可以认出他们过去见过的图像。图像识别甚至可以不受感觉通道的限制。图像识别技术是人工智能的一个重要技术。为了模拟人类图像识别活动而编制计算机程序的操作，就是图像识别技术。

图像识别技术一般由如下 3 个步骤来实现。

（1）图像预处理。

（2）分类建模和训练。

（3）图像识别。

10.1.2 图像预处理

使用人工智能的方法进行图像识别，需要大量优质且标注好的数据，方便进行数据训练和验证，从而获得性能良好的模型，所以数据（这里指图像）在图像识别中至关重要。

计算机通过读取图像数据，可以查看一张图片的属性信息。

1．像素（Pixel）

在数字图像中，最小的单位叫作“像素（Pixel）”。图 10-1 所示为图片的属性信息，从中可以看出图像的分辨率为 633×713，其中 633 表示宽度，713 表示高度。图像分辨率为数码相机可选择的成像大小及尺寸，单位为 dpi，英文为 dot per inch。分辨率越高，图片的面积越大；像素越大，分辨率越高，图片越清晰，可输出的图片尺寸也越大。

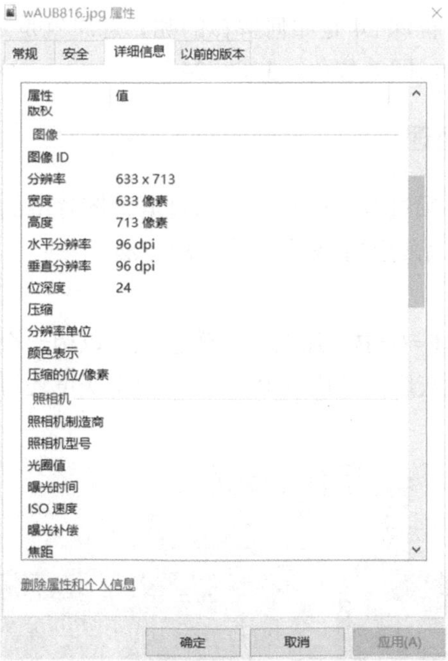

图 10-1 图片的属性信息

计算机处理图像数据的单位就是像素。例如，一幅图像的分辨率为 28×28，那么在计算机处理时，可以变换成 784 个像素点进行处理。

2. RGB 通道

RGB 代表光的三原色 R（Red）、G（Green）、B（Blue），如图 10-2 所示。我们看到的色彩丰富的画面就是用屏幕内侧覆盖的红、绿、蓝磷光材料发光相加混合产生的。

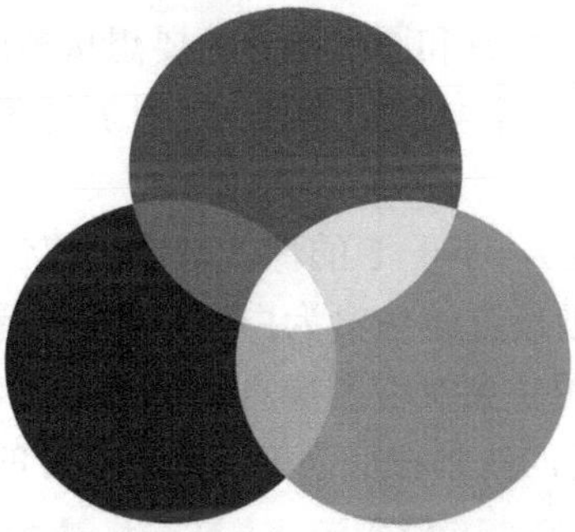

图 10-2 三原色

彩色图

我们学的像素是彩色的像素，每一个像素都有自己独立完整的参数，在 RGB 三通道图像中，每一个像素都由 R、G、B 三个通道组成，其中每个通道又由若干二进制位来表示其“含量”。例如，011001101100110011111111（共 24 位），表示 102 红、204 绿和 255 蓝，根据加色法，这个颜色就是我们常说的“浅蓝”。

在 RGB 模型中，任意颜色都可以用红、绿、蓝三种颜色通过不同比例相加混合而成。当三原色分量都为 0 时，混合为黑色；当三原色以相同比例混合且达到一定强度时，混合为白色。

3. 位深

如果是 RGB 图像，那么位深度是 24；如果是灰度图像，那么位深度是 8；灰度图像是用白、灰、黑表示的图。RGB 位深 24 是如何解释的呢？意思就是三个通道（红、绿、蓝）的每个通道用二进制的 8 位表示，即 8 位色，3×8＝24。

10.1.3　数字图像的预处理

图片转换成数据后，必须进行一些预处理以过滤掉图片中的多余信息，才可以提高识别的准确率，下面介绍几种常见的数字图像的预处理方法。

1．灰度与灰度化

在 RGB 模型中，如果 R=G=B，那么这时颜色就可以用一个灰度值来表示，这就大大节省了数据存储的空间，一般灰度的范围为 0～255。使用灰度还可以将彩色图转换成高质量的灰度图像，如图 10-3 所示。

彩色图

图 10-3　正常彩色图像和灰度图像

2．二值化

二值化是一种特殊的灰度化操作，目的在于尽可能地去除干扰因素，保留图像最显著的特征。

通常一幅图像包含前景（目标物体）、背景和图像噪声，要想从多值的数字图像中直接提取目标物体，最常用的操作方法就是设定一个全局的阈值 *T*，用 *T* 将图像的数据分为两部分：大于 *T* 的像素和小于 *T* 的像素。

将大于 *T* 的像素设定为白色（或黑色），小于 *T* 的像素设定为黑色（或白色）。若计算每个像素的（R+G+B）/3，假设 *T*＞200，则设置该像素为白色，否则设置为黑色。

图 10-4 显示了一张图像从正常彩色图像到灰度图像再到二值化图像的全过程，由此可以看出阈值不同，二值化后的效果也不相同，就本样例而言，*T*=100 时的效果相对比较好。

彩色图像　　灰度图像

彩色图

图 10-4　正常彩色图像、灰度图像和不同阈值下的二值化图像

阈值 T=50

阈值 T=100

图 10-4 正常彩色图像、灰度图像和不同阈值下的二值化图像（续）

代码详见本书配套代码资源 gray_binary.py。

3. 图像尺寸的缩放

由于图片来源不同，图像的大小、分辨率、尺寸可能也会不同，为了提升计算机处理的便捷性，需要对图像进行尺寸的调整。现在已经有函数可以实现尺寸的调整，尺寸和像素点的调整可以使用 OpenCV 库自带的 resize( )函数。

```
void resize(InputArray src, OutputArray dst, Size dsize, double fx=0, double
fy=0, int interpolation=INTER_LINEAR)
```

参数说明如下。

src：原图。

dst：目标图像。当参数 dsize 不为 0 时，dst 的大小为 size；否则，它的大小需要根据 src 的大小、参数 fx 和 fy 决定。dst 的类型（type）和 src 图像相同。

dsize：目标图像大小，参数 dsize 和参数(fx, fy)不能够同时为 0。

fx：水平轴上的比例因子。

fy：垂直轴上的比例因子。

interpolation：一个参数插值方法，是默认值，放大时最好选 INTER_LINEAR，缩小时最好选 INTER_AREA。

动手练一练

请将阈值分别设置为 150 和 180，并观察这两个值对应的二值化图像。

10.2 车牌检测与识别

目标导航

1. 掌握车牌识别的流程
2. 了解边缘检测、膨胀的作用
3. 能够掌握车牌检测代码框架

10.2.1 车牌检测的流程

车牌识别的第一步自然是检测图像或视频帧中有无车牌，并去除其他多余的信息，这一部分主要依靠图像分割来完成，图像分割完成后，利用 SVM 分类器来确定检测的信息是不是确认为车牌，而不是其他类似形状的牌。车牌检测的流程包括车牌定位和车牌检测。其中车牌定位的步骤分为以下 7 步，如图 10-5 所示。

（1）灰度转换：将彩色图像转换为灰度图像，常见的取值为 R=G=B=像素平均值。

（2）高斯平滑和中值滤波：去除噪声。

（3）二值化处理：将图像转换为黑白两色，通常，若像素值大于 127 则设置为 255，若像素值小于 127 则设置为 0。

（4）Canny 边缘检测。

（5）膨胀和细化：放大图像轮廓，转换为一个个区域，这些区域内包含车牌。

（6）通过算法选择合适的车牌位置，通常将较小的区域过滤掉或寻找蓝色底的区域。

（7）标注车牌位置并提取车牌。

彩色图

读入原始图像

灰度化

二值化处理

Canny 边缘检测

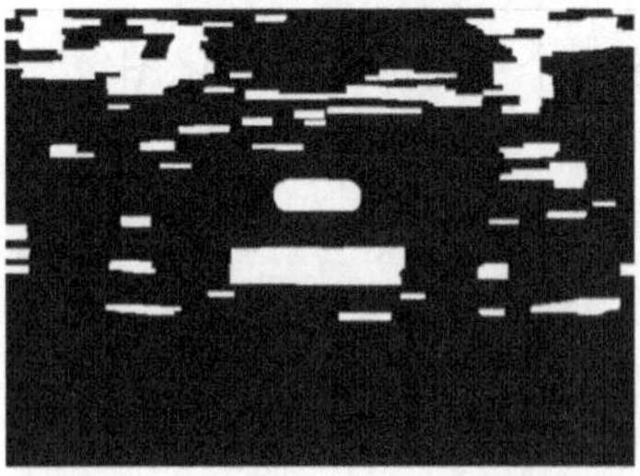

膨胀

定位到的框

识别出车牌区域

图 10-5　预处理各效果图

对确认好位置的车牌使用 SVM 分类，并由代码自动创建正负样本。我们使用一些包含车牌的图像（正样本）和一些不包含车牌的图像（对应负样本）进行训练，就可以得到最后判定是不是车牌的结果。图 10-6 所示为车牌检测的结果。